计算机应用基础

（Windows 7 & Office 2010）

主　编：陈春华

编　委：（按姓氏笔画排序）

危松柏　吴卫军

张清春　陈春华

林　颖　郑素芳

黄国云　魏添才

U0216567

厦门大学出版社　国家一级出版社
XIAMEN UNIVERSITY PRESS　全国百佳图书出版单位

图书在版编目(CIP)数据

计算机应用基础(Windows 7 & Office 2010)/陈春华主编.—厦门:厦门大学出版社,
2018.8(2020.8 重印)
(福建省中等职业学校学生学业水平考试指导用书)
ISBN 978-7-5615-7030-2

Ⅰ.①计…　Ⅱ.①陈…　Ⅲ.①电子计算机-中等专业学校-教学参考资料　Ⅳ.①TP3

中国版本图书馆 CIP 数据核字(2018)第 151291 号

出 版 人	郑文礼
策划编辑	姚五民
责任编辑	眭　蔚
封面设计	蒋卓群
技术编辑	许克华

出版发行　厦门大学出版社

社　　址	厦门市软件园二期望海路 39 号
邮政编码	361008
总 编 办	0592-2182177　0592-2181406(传真)
营销中心	0592-2184458　0592-2181365
网　　址	http://www.xmupress.com
邮　　箱	xmupress@126.com
印　　刷	三明市华光印务有限公司

开本	787 mm×1 092 mm　1/16
印张	16.75
字数	408 千字
版次	2018 年 8 月第 1 版
印次	2020 年 8 月第 3 次印刷
定价	49.80 元

本书如有印装质量问题请直接寄承印厂调换

厦门大学出版社
微信二维码

厦门大学出版社
微博二维码

前 言

　　本书依据福建省教育厅印发的《福建省中等职业学校学生学业水平考试实施办法(试行)》及《福建省中等职业学校学生学业水平考试计算机及其应用基础学科考试大纲》组织编写,是福建省中等职业学校学生参加计算机应用基础学业水平考试的指导用书。

　　按考试大纲的知识点要求,全书分为7章,各章所占考试权重如下:

章　节	考试权重
第1章　计算机基础知识	5%
第2章　Windows 7 操作系统	20%
第3章　因特网(Internet)的应用	10%
第4章　文字处理软件(Word 2010)的应用	25%
第5章　电子表格处理软件(Excel 2010)的应用	20%
第6章　演示文稿处理软件(PowerPoint 2010)的应用	15%
第7章　多媒体软件的应用	5%

　　本书由福建省内中职学校一线教师编写,分工如下:

第1章　魏添才

第2章　陈春华

第3章　危松柏

第4章　吴卫军

第5章　张清春

第6章　林　颖

第7章　黄国云

　　本书统稿得到了陈晓峰老师的大力支持。本书在编写过程中得到福建经济学校、福建理工学校、福建省邮电学校、福建第二轻工业学校、福建商贸学校、福建省长乐职业中专学校、福建省漳浦职业中专学校等学校的鼎力支持和厦门大学出版社的大力支持,在此深表谢意!

由于编者水平及时间有限,书中难免存在不足和错误,恳请广大师生批评指正。

编　者

2018 年 6 月

目　录

第 1 章　计算机基础知识

本章要点

1. 了解计算机；
2. 计算机系统的组成；
3. 数制与编码；
4. 信息输入。

1.1　了解计算机

考试要求

(1) 掌握计算机技术的发展过程及趋势，列举各阶段发展的主要特点；
(2) 了解计算机在信息时代的广泛应用；
(3) 掌握计算机的特点及计算机分类；
(4) 了解计算机的应用领域，包括多媒体计算机、计算机网络等。

知识讲解

1.1.1　计算机的发展趋势

1. 计算机的发展

按计算机使用的电子器件或构成元件划分，计算机至今已经历了四代，具体如下：

第一代(1946—1957 年)：电子管。第一台电子计算机：1946 年，ENIAC。

1946 年，在美国宾夕法尼亚大学制成了 ENIAC 计算机，这是世界上第一台真正能自动运行的电子数字计算机。它使用了 18800 只电子管、1500 多个继电器，耗电 150 kW/h，重达 30 t，每秒能完成 5000 次加法运算。尽管存在着许多缺点，但它为电子计算机的发展奠定了技术基础。它的问世标志着电子计算机时代的到来。

图 1-1-1　第一台电子计算机（ENIAC）

第二代（1958—1964 年）：晶体管。基本特征是体积小，耗电少，成本低，提出了操作系统的概念。

第三代（1965—1971 年）：小规模集成电路。基本特征是主存储器采用半导体存储器，外存储器采用磁盘。

第四代（1972—　）：大规模和超大规模集成电路。典型代表是微型计算机。

我国计算机发展开始于 1958 年。

2. 计算机的发展趋势

计算机应用的广泛和深入，对计算机技术本身提出了更高的要求。当前，计算机的发展表现为四种趋势：巨型化、微型化、网络化和智能化。

（1）巨型化

巨型化是指发展高速度、大存储量和具备强大功能的巨型计算机。这既是天文、气象、地质、核反应堆等尖端科学的需要，也是记忆巨量的知识信息，以及使计算机具有类似人脑的学习和复杂推理功能所必需的。巨型机的发展集中体现计算机科学技术的发展水平。

（2）微型化

微型化就是进一步提高集成度，利用高性能的超大规模集成电路研制质量更加可靠、性能更加优良、价格更加低廉、整机更加小巧的计算机。

（3）网络化

网络化就是把各自独立的计算机用通信线路连接起来，形成各计算机用户之间可以相互通信并能共享公共资源的网络系统。网络化能够充分利用计算机的宝贵资源并扩大计算机的使用范围，为用户提供方便、及时、可靠、广泛、灵活的信息服务。

（4）智能化

智能化是指让计算机具有模拟人的感觉和思维过程的能力。智能计算机具有解决问题和逻辑推理的功能、知识处理和知识库管理的功能等。人与计算机的联系通过智能接口，用文字、声音、图像等与计算机进行自然对话。目前,已研制出各种机器人,有的能代替人劳动,有的能与人下棋等。智能化使计算机突破了"计算"这一初级的含意,从本质上扩充了计算机的能力,可以越来越多地代替人类的脑力劳动。

1.1.2 计算机的分类

计算机的分类方法很多,一般可以从下面几个方面来划分。按计算机规模分,有巨型机、大型机、中型机、小型机和微型机;按信息表现形式和被处理的信息分,有数字计算机(数字量、离散的)、模拟计算机(模拟量、连续的)、数字模拟混合计算机;按用途分,有通用计算机、专用计算机;按采用操作系统分,有单用户系统计算机和多用户系统计算机;按字长分,有 4 位、8 位、16 位、32 位、64 位计算机等。

1.1.3 计算机的特点与应用

1. 计算机的工作特点

(1)运算速度快。计算机的运算速度一般是以每秒内执行的加法运算的次数来衡量的。计算机的主要部件采用的是电子器件,其运算速度远非其他计算工具所能比拟。

(2)存储容量大。存储器不但能够存储大量的信息,而且能够快速准确地存入或取出信息。

(3)具有逻辑判断能力。

(4)工作自动化。计算机内部的操作运算是根据人们预先编制的程序自动控制执行的。只要把包含一连串指令的处理程序输入计算机,计算机便会依次取出指令,逐条执行,完成各种规定的操作,直到得出结果为止。

2. 计算机的应用范围

(1)科学计算。是微机最早应用领域,指利用微机来完成科学研究和工程技术中提出的数值计算问题。它可以解决人工无法完成的各种科学计算,如工程设计、地震预测、气象预报、火箭发射等方面的问题。

(2)数据处理。指对数据进行加工处理(这里的数据也包括非数值数据)。目前数据处理已成为计算机应用的重要方面。它包括对数据进行分析、合并、分类、存储及统计,已广泛用于办公自动化、企业管理、情报检索及事务管理。

(3)过程控制。也称为实时控制,是指用计算机及时采集数据,并把采集到的数据存入计算机,再根据需要对这些数据进行处理,实现对操作对象进行控制。

(4)计算机辅助系统。包括计算机辅助设计(computer-aided design,CAD)、计算机辅助制造(computer-aided manufacturing,CAM)、计算机辅助教育(computer-aided education,CAE)、计算机辅助测试(computer-aided test,CAT)等。

①计算机辅助设计。计算机辅助设计可以帮助各类设计人员进行设计,如建筑设计、机械设计、电路设计等。采用计算机辅助设计,不仅减轻设计人员的工作量,提高工作效率,而且提高了设计的质量。

②计算机辅助制造。计算机辅助制造是指用计算机进行生产设备的管理、控制和操作的技术。如在产品的制造过程中,用计算机控制机器运行,处理生产中的数据,控制材料流动以及检验产品等。

③计算机辅助教育。计算机辅助教育是计算机在教育领域中的应用,是使用计算机对学生的教学、训练及对教学事务的管理。通常包括计算机辅助教学(computer-aided instruction,CAI)和计算机管理教学(computer-management instruction,CMI)两部分。

CAI是计算机辅助教育的重要部分,是计算机用于支持教学的各类应用的总称。按性质分,计算机辅助教学可分为计算机网络型、计算机会议型、人工智能型、模拟型等。计算机辅助教学的优点是:根据个人特点进行学习,变被动学习为主动学习,教学形象直观化,缩短学习时间,节省大批教师。由于多媒体技术和计算机网络技术的发展,近年来计算机辅助教学发展极为迅速,已成为教育技术的主流技术。它本身所具有的特性和功能可以为教师和学生提供理想的教学环境,并对教学过程产生深刻的影响。

CMI是用计算机实现各种教学管理,如制定教学计划、安排课程、统计教室利用率、管理学籍和学生档案、评分等,用计算机帮助教师管理教学过程。

④计算机辅助测试。计算机辅助测试是利用计算机处理大批量的数据,完成各种复杂的测试工作。它是指利用计算机协助进行测试的一种方法,是以计算机为核心、以控制为手段、以测试材料性能为目的的测试系统。它的性能价格比高,设计灵活,使用方便,测试效率高,可用于实时快速和复杂场合的测试。计算机辅助测试系统由测验构成、测验实施、分级及分析、试题分析和题库五部分构成。

(5)人工智能(AI)。是指利用计算机模拟人脑进行推理和决策的思维过程。目前一些智能系统已经能够替代人的部分脑力劳动,获得了显著的实际应用效果,如机器人、模式识别、专家系统、智能检索等。

(6)网络应用。计算机技术与现代通信技术的结合构成了计算机网络。计算机网络的功能主要有资源共享、数据通信、分布式处理等,如网上会议、远程医疗、网上银行、电子政务、教育和娱乐等。

(7)多媒体应用。是利用计算机技术把文本、音频、视频、动画、图形和图像等各种媒体综合起来,并将其整合在一定的交互式界面上,使计算机具有交互展示不同媒体形态的能力,广泛应用于教育、宣传、生活和娱乐等领域。

理论练习

1. 一般认为电子计算机的发展历史已经经历了四代,这是根据(　　)划分的。

A. 规模　　　　　　B. 构成元件　　　　　C. 运算速度　　　　　D. 性能

2. (　　)是第一代计算机所采用的主要元件。

A. 晶体管　　　　　　　　　　　　B. 小规模集成电路

C. 电子管　　　　　　　　　　　　D. 大规模和超大规模集成电路

3. 第四代计算机的主要逻辑元件采用的是(　　)。

A. 晶体管　　　　　　　　　　　　B. 小规模集成电路

C. 电子管　　　　　　　　　　　　D. 大规模和超大规模集成电路

4. 一般认为,世界上第一台电子数字计算机诞生于(　　)。

A. 1946 年　　　　　　B. 1952 年　　　　　　C. 1959 年　　　　　　D. 1962 年

5. 计算机可分为数字计算机、模拟计算机和数字模拟混合计算机,这种分类的依据是计算机的(　　)。

A. 功能和价格　　　　　　　　　　　B. 性能和规律

C. 处理数据的方式　　　　　　　　　D. 使用范围

6. 电子计算机按使用范围分类,可以分为(　　)。

A. 电子数字计算机和电子模拟计算机

B. 科学与过程计算计算机、工业控制计算机和数据计算机

C. 通用计算机和专用计算机

D. 巨型机、大型机、中型机、小型机和微型机

7. 个人计算机属于(　　)。

A. 微型计算机　　　　　　　　　　　B. 小型计算机

C. 中型计算机　　　　　　　　　　　D. 巨型计算机

8. 下列关于专用计算机的描述中,不正确的是(　　)。

A. 用途广泛　　　　　　　　　　　　B. 针对性强、效率高

C. 结构相对简单　　　　　　　　　　D. 为某种特定目的而设计

9. 最早设计计算机的目的是进行科学计算,其主要计算的问题面向于(　　)。

A. 科研　　　　　　B. 军事　　　　　　C. 商业　　　　　　D. 管理

10. 某型计算机峰值性能为数千亿次每秒,主要用于大型科学与工程计算和大规模数据处理,它属于(　　)。

A. 巨型计算机　　　　　　　　　　　B. 小型计算机

C. 微型计算机　　　　　　　　　　　D. 专用计算机

11. 英文缩写 IT 的中文名称是(　　)。

A. 电脑技术　　　　　B. 信息技术　　　　　C. 高新技术　　　　　D. 网络技术

12. 下列描述计算机功能最准确的是(　　)。

A. 计算机代替人的脑力劳动　　　　　B. 计算机可存储大量信息

C. 计算机是一种信息处理机　　　　　D. 计算机可以实现高速的运算

13. 以下不属于计算机特点的是(　　)。

A. 运算快速　　　　　　　　　　　　B. 计算精度高

C. 形状粗笨　　　　　　　　　　　　D. 通用性强

14. 在计算机的众多特点中,其最主要的特点是(　　)。

A. 计算速度快　　　　　　　　　　　B. 存储程序与自动控制

C. 应用广泛　　　　　　　　　　　　D. 计算精度高

15. 第三代计算机采用的主要电子器件为(　　)。

A. 电子管　　　　　　　　　　　　　B. 小规模集成电路

C. 大规模集成电路　　　　　　　　　D. 晶体管

1.2 计算机系统的组成

考试要求

(1)了解计算机的主要部件及其作用；

(2)了解计算机的主要技术指标及其对系统性能的影响；

(3)了解 CPU 的主要性能指标；

(4)理解存储单位的基本概念，掌握位、字节、字、kB、MB、GB、TB 的换算关系，了解计算机系统存储性能的主要技术指标；

(5)理解常用存储设备(U 盘、硬盘、光盘、移动硬盘)的作用和使用方法；

(6)理解常用输入设备及输入方法(键盘、鼠标、触摸屏、读卡器、手写与语音输入设备、二维码、条形码等)的作用和使用方法；

(7)理解常用输出设备(显示器、打印机、音频输出设备、投影仪)的作用和使用方法。

知识讲解

1.2.1 计算机的基本组成和工作原理

计算机系统是由硬件系统和软件系统两大部分组成的。计算机硬件是构成计算机系统各功能部件的集合，是由电子、机械和光电元件组成的各种计算机部件和设备的总称，是计算机完成各项工作的物质基础。计算机硬件是指有形的物理设备，是计算机系统中实际物理装置的总称。计算机软件是指与计算机系统操作有关的各种程序以及与之相关的文档和数据的集合。没有安装软件的计算机通常称为裸机，裸机是无法工作的。计算机硬件脱离了计算机软件，它就成为一台无用的机器；计算机软件脱离了计算机硬件，就失去了运行的物质基础。二者相互依存，缺一不可，共同构成一个完整的计算机系统。

计算机系统的基本组成如图 1-2-1 所示。

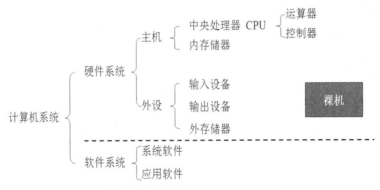

图 1-2-1 计算机系统的基本组成

1. 计算机硬件系统

计算机的硬件系统是构成计算机系统的各种物理实体的总称。一般由五大部件组成，即控制器、运算器、存储器、输入设备和输出设备。

（1）输入设备

其功能就是将数据、程序及其他信息转换成计算机能接受的信息形式，输入计算机内部。常见的输入设备有键盘、鼠标、图像扫描仪等。

①键盘：如图 1-2-2 所示。

图 1-2-2　计算机键盘

②鼠标：常用的鼠标有机械式和光电式，如图 1-2-3 所示。

图 1-2-3　鼠标

（2）输出设备

输出设备将计算机内部的二进制数据转换成人或其他设备所能接受的信息形式。常见的输出设备有打印机、显示器、绘图仪、声音合成输出等。

①显示器：又称监视器，是计算机最基本也是必备的输出设备。显示器的性能指标主要有扫描方式、点距、刷新频率、视频带宽、分辨率五个方面。显示器分为平板液晶显示器和 CRT 显示器。图 1-2-4 是平板液晶显示器。

图 1-2-4　平板液晶显示器

②打印机:目前常见的有针式打印机(又称点阵式打印机)、喷墨打印机和激光打印机。

(3)存储器

存储器是存放程序和数据的部件,是计算机的记忆装置。

根据工作原理的不同,存储器又分为内存储器和外存储器。内存储器用于存放正在运行的程序或数据,外存储器用于存放暂时不使用的各种程序和数据。

内存储器又分为只读存储器 ROM(read-only memory)和随机存储器 RAM(random access memory)。只读存储器具有只读性和不易丢失性的特点,随机存储器具有可读写性和易丢失性的特点。随机存储器又分为静态随机存储器 SRAM(static random access memory)和动态随机存储器 DRAM(dynamic random access memory)。静态随机存储器由于制作成本高,仅少量用于高速缓存(cache)。动态随机存储器即通常所说的内存,用于存放正在运行的程序或数据。

外存储设备有磁盘(硬盘和软盘)、光盘、U 盘及各种其他移动存储设备。磁盘存储器分软盘和硬盘存储器。软盘和硬盘存储器的存储部件是由涂有磁性材料的圆形基片组成的,由一圈圈封闭的同心圆组成记录信息的磁道。磁盘由许多磁道组成,每个磁道又划分成多个扇区,扇区是磁盘存储信息的最小物理单位。每个硬盘由若干个磁性圆盘组成。与软盘不同,硬盘存储器通常与磁盘驱动器封装在一起,不能移动。与软盘相比,硬盘具有速度快、容量大、可靠性高的特点,一般硬盘的容量有 80 G、160 G、320 G、500 G、1 T,甚至更大。硬盘容量的计算机公式为:硬盘容量=磁头数×柱面数×每柱面扇区数×扇区字节数 512 B。注意:硬盘在使用的过程应防止剧烈震动。

光盘存储器是利用激光技术存储信息的装置。光盘分为只读(read only)光盘、一次写入(write once)光盘和可擦式(erasable)光盘等几种。只读式光盘(CD-ROM)是用得最广泛的一种,其容量一般为 650 MB。与光盘相配套使用的光盘驱动器,从最初的单倍速、双倍速到 8 倍速、20 倍速、32 倍速、40 倍速、52 倍速等,其中单倍速为 150 kb/s。

移动存储器具有快速读写、容量大、易携带、即插即用等特点,常用的移动存储器有 USB 闪存盘、移动硬盘等。

(4)运算器

运算器是进行算术运算和逻辑运算的部件。

(5)控制器

控制器是计算机的控制中心。控制器由程序计数器、指令存储器、指令译码器和操作控制器组成。

运算器和控制器集成在一块芯片上,即中央处理器 CPU(central processing unit)。

2. 计算机软件系统

计算机软件系统是在计算机硬件上运行的、能够实现各种功能的程序和运行程序所需数据的总称。计算机软件系统可分为系统软件和应用软件两大类。

(1)系统软件

系统软件用于使用、控制、管理、维护和运行计算机,最大限度地发挥计算机的效率。系统软件包括操作系统、程序设计语言、语言处理程序、数据库管理系统、常用服务程序等。

①操作系统

计算机系统必不可少的系统软件是操作系统,操作系统是最基本的系统软件,是系统软件的核心,是用户与计算机的接口。操作系统是控制和管理计算机硬件和软件资源,合理地组织计算机工作流程,方便用户充分有效地使用计算机资源的程序的集合。常见的操作系统有磁盘操作系统 DOS、视窗操作系统 Windows、多用户分时处理操作系统 Unix 等。

②程序设计语言

按发展过程程序设计语言可分为低级语言和高级语言。低级语言包括机器语言和汇编语言。机器语言是计算机能直接识别的语言,是用二进制代码编写的语言。汇编语言是符号化的机器语言。

高级语言是为一般人使用而设计的计算机语言,比较接近英语的日常用语,包括结构化程序语言(即面向过程的程序设计语言,如 C、FORTRAN 等)和面向对象的程序设计语言(如 C♯、Visual C++、Java、Python 等)。

程序设计语言的发展方向是面向对象的程序设计语言。

③语言处理程序

语言处理程序包括汇编程序、编译程序、解释程序。

汇编程序用于将用汇编语言编写的源程序翻译加工成机器语言表示的目标程序,以便计算机能识别和处理。

编译程序用于将用高级语言编写的源程序转换成与之等价的机器语言表示的目标程序,以便计算机能识别和处理。

解释程序是指用解释的方式执行交互式语言的语言处理程序,用边解释、边执行的方式执行程序,其结果不产生目标程序。

④数据库管理系统 DBMS(database management system)

数据库管理系统是用户与数据库之间的接口软件。用于定义数据库,增加、删除、修改和检索数据,对数据的独立性、完整性和完全性提供一种有效的管理手段。

常用的数据库管理系统有 dBase 和基于 FoxBASE、FoxPro、SQL 的数据库管理系统等。目前所使用的数据库多为关系型数据库。

⑤常用服务程序

常用服务程序包括文本编辑程序、链接程序、调试程序、诊断程序等。

(2)应用软件

应用软件是指在计算机硬件和系统软件的支持下,面向具体问题和具体用户开发的软件,即应用软件通常用于解决某一具体问题。

文字处理软件 Word、表格处理软件 Excel、演示文稿制作软件 PowerPoint、学籍管理系统软件、财务软件等都是应用软件。

3. 计算机的工作原理

计算机的工作过程实际上就是执行程序的过程,怎样组织和执行程序与计算机的结构有关。前面介绍的计算机的结构叫作冯·诺依曼结构。冯·诺依曼是美籍匈牙利数学家,他在 1964 年提出了关于计算机的组成和工作原理。图 1-2-5 是冯·诺依曼结构计算机的工作原理。

(1)冯·诺依曼关于计算机的设想

冯·诺依曼关于计算机组成和工作原理的基本设想概括起来有以下 3 点:

①计算机由运算器、控制器、存储器、输入设备和输出设备五大部分组成。

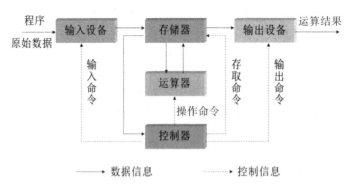

图 1-2-5 冯·诺依曼结构计算机工作原理

②在计算机内部，程序和数据都应用二进制数表示。这是因为二进制数对应两个状态，即"0"和"1"，电路易于实现，工作状态稳定，且二进制数的运算法则简单。

③冯·诺依曼关于计算机工作模式的设想——"存储程序控制"工作原理可概括为存储程序和程序控制。存储程序就是把编好的程序及程序执行过程中所需的数据通过输入设备输送并存储在计算机的存储器中。

（2）计算机基本工作流程

在控制器的指挥控制下，将程序和数据通过输入设备输送到存储器中，运行程序时，在控制器的指挥下，从存储器中逐条取出程序指令，送运算器运算和处理，再将处理得到的结果放入存储器暂存，送输出设备输出。

由此可以看出，程序和数据必须先调入内存，才能被 CPU 运行和处理。

（3）计算机的相关概念

①指令

指令就是规定计算机完成某个基本操作的命令。

计算机指令一般由两部分组成，即操作码和操作数（地址码）。操作码规定计算机完成什么样的操作，地址码则指明操作码存放的位置。

一台计算机所能执行的所有指令的集合，称为这台计算机的指令系统。不同计算机有不同的指令系统，表明不同计算机有不同的处理能力。

②程序

所谓程序是指规定计算机完成某一特定工作的指令序列的集合。

③信息的单位

计算机中表示信息的基本单位是位，即一个二进制位，称为 bit（比特）。

计算机中表示信息量大小的基本单位是字节。8 个相邻的二进制位为一个字节，表示为 Byte，简写为 B，所以，1 B＝8 bit。

字节是一个很小的容量单位，常用的单位还有千字节 kB、兆字节 MB、吉字节 GB、太字节 TB，它们的换算关系为：

1 kB＝1024 B

1 MB＝1024 kB＝1024×1024 B

1 GB＝1024 MB＝1024×1024 kB＝1024×1024×1024 B

1 TB＝1024 GB＝1024×1024 MB＝1024×1024×1024 kB＝1024×1024×1024×1024 B

④字 Word

计算机中作为一个整体被传送、存储和处理的二进制数字串，称为一个字。

一个字通常由若干个字节组成，表示一个完整的数据或命令。

一个字的二进制数据位的长度称为字长。字长反映计算机内部一次可以处理的二进制数的位数。字长越长，表示计算机可以存放、处理的数的范围越大，精度也就越高，因此，字长是衡量计算机性能的重要指标。

⑤地址 Address

为了便于程序和数据的存取，为每个存储单元规定的编号称为地址。

例如，设有 4096 个存储地址，要使用二进制数对其进行编码，需 12 位二进制数（注：$4096 = 2^{12}$）的二进制编码。

1.2.2　计算机的主要技术指标

计算机的技术性能指标标志着计算机的性能优劣和应用范围的宽广。计算机的主要技术性能指标有下面几项：字长、主频、存储容量、存取周期和运算速度等。

1. 字长

字长是计算机内部一次可以处理二进制数的位数。一般计算机的字长取决于它的通用寄存器、内存储器、ALU(arithmetic and logic unit)位数和数据总线的宽度。微型计算机字长有 4 位、8 位、16 位，目前微机字长为 32 位或 64 位。

2. 主频

主频即时钟频率，是指计算机的 CPU 在单位时间内发出的脉冲数。单位用 MHz 表示，一般说，主频越高，速度越快。

3. 存储容量

计算机能存储的信息总字节量称为该计算机系统的存储容量，它是衡量计算机存储能力的一个指标。存储系统主要包括主存(也称内存)和辅存(也称外存)。存储容量通常以字节(B)为单位。由于存储容量一般都很大，所以实用单位常用千字节(kB)、兆字节(MB)、吉字节(GB)、TB(太字节)表示。

4. 存取周期

把信息代码存入存储器，称为写；把信息代码从存储器中取出，称为读。存储器进行一次读或写操作所需的时间称为存储器的访问时间(或读写时间)，而连续启动两次独立的读或写操作(如连续两次读操作)所需的最短时间，称为存取周期(或存储周期)。

5. 运算速度

运算速度是一项综合性的性能指标。衡量计算机运算速度的单位是 MIPS(百万条指令/秒)。因为每种指令的类型不同，执行不同指令所需的时间也不一样，过去以执行定点加法指令为标准来计算运算速度，现在用一种等效速度或平均速度来衡量。等效速度由各种指令平均执行时间以及相对的指令运行比例计算得出，即用加权平均法求得。

理论练习

1. 内存储器可分为(　　　)。

A. RAM 和 ROM   B. 硬盘存储器和光盘存储器

C. RAM 和 SDRAM   D. ROM 和 EPROM

2. 计算机系统由软件系统和（　　　）系统组成。

A. 硬件   B. 操作   C. 总线   D. 网络

3. 微型计算机的核心部件是（　　　）。

A. 控制器   B. 存储器   C. 微处理器   D. 运算器

4. 下列属于输入设备的是（　　　）。

A. 麦克风   B. 打印机   C. 显示器   D. 投影仪

5. 最早设计计算机的目的是进行科学计算，其主要计算的问题面向于（　　　）。

A. 科研   B. 军事   C. 商业   D. 管理

6. 在计算机领域中，（　　　）通常用英文单词 bit 来表示。

A. 字   B. 字长   C. 字节   D. 位

7. 计算机有多种技术指标，其中决定计算机计算精度的是（　　　）。

A. 字长   B. 运算速度   C. 存储容量   D. 进位数制

8. 计算机硬件系统的主要组成部件有五大部分，下列各项中不属于这五大部分的是（　　　）。

A. 运算器   B. 软件   C. I/O 设备   D. 控制器

9. 显示器分辨率一般用（　　　）表示。

A. 能显示的信息量   B. 横向点×纵向点

C. 能显示多少个字符   D. 能显示的颜色数

10. 微型计算机中，微处理器芯片上集成的是（　　　）。

A. 控制器和存储器   B. 控制器和运算器

C. CPU 和控制器   D. 运算器和 I/O 接口

11. 下面列出的四种存储器中，属易失性存储器的是（　　　）。

A. ROM   B. RAM   C. PROM   D. CD-ROM

12. 计算机进行数值计算时的高精确度主要决定于（　　　）。

A. 计算速度   B. 内存容量   C. 外存容量   D. 基本字长

13. 计算机具有逻辑判断能力，主要取决于（　　　）。

A. 硬件   B. 体积   C. 编制的软件   D. 基本字长

14. 计算机的通用性使其可以求解不同的算术和逻辑问题，这主要取决于计算机的（　　　）。

A. 高速运算   B. 指令系统   C. 可编程性   D. 存储功能

15. 计算机具有很强的记忆能力的基础是（　　　）。

A. 大容量存储装置   B. 自动编程

C. 编辑判断能力   D. 通用性强

16. 计算机的主要特点是运算速度快、精度高和（　　　）。

A. 用十进制数记数   B. 自动编程

C. 无须记忆   D. 存储记忆

17. 计算机的通用性表现在（　　　）。

A. 由于计算机的可编程性，计算机能够在各行各业得到广泛的应用

B. 计算机由程序规定其操作过程

C. 计算机的运算速度很高,远远高于人的计算速度

D. 计算机能够进行逻辑运算,并根据逻辑运算的结果选择相应的处理

18. "同一台计算机,只要安装不同的软件或连接到不同的设备上,就可以完成不同的任务"是指计算机具有(　　)。

A. 高速运算的能力 　　　　　　　　　B. 极强的通用性

C. 逻辑判断能力 　　　　　　　　　　D. 很强的记忆能力

19. 当前计算机的应用领域极为广泛,但其应用最早的领域是(　　)。

A. 数据处理 　　　B. 科学计算 　　　C. 人工智能 　　　D. 过程控制

20. 计算机最主要的工作特点是(　　)。

A. 存储程序与自动控制 　　　　　　　B. 高速度与高精度

C. 可靠性与可用性 　　　　　　　　　D. 有记忆能力

21. 用来表示计算机辅助设计的英文缩写是(　　)。

A. CAI 　　　　　　B. CAM 　　　　　　C. CAD 　　　　　　D. CAT

22. 一个完备的计算机系统应该包含计算机的(　　)。

A. 主机和外设 　　　　　　　　　　　B. 硬件和软件

C. CPU 和存储器 　　　　　　　　　　D. 控制器和运算器

23. 构成计算机物理实体的部件称为(　　)。

A. 计算机系统 　　　　　　　　　　　B. 计算机硬件

C. 计算机软件 　　　　　　　　　　　D. 计算机程序

24. 组成计算机主机主要是(　　)。

A. 运算器和控制器 　　　　　　　　　B. 中央处理器和主存储器

C. 运算器和外设 　　　　　　　　　　D. 运算器和存储器

25. 以下不属于计算机外部设备的是(　　)。

A. 输入设备 　　　　　　　　　　　　B. 中央处理器和主存储器

C. 输出设备 　　　　　　　　　　　　D. 外存储器

26. 计算机系统中运行的程序、数据及相应文档的集合称为(　　)。

A. 主机 　　　　　　B. 软件系统 　　　C. 系统软件 　　　D. 应用软件

27. 以下不属于计算机软件系统的是(　　)。

A. 程序 　　　　　　　　　　　　　　B. 程序使用的数据

C. 外存储器 　　　　　　　　　　　　D. 与程序相关的文档

28. 下面各组设备中,同时包括输入设备、输出设备和存储设备的是(　　)。

A. CRT、CPU、ROM 　　　　　　　　　B. 绘图仪、鼠标器、键盘

C. 鼠标器、绘图仪、光盘 　　　　　　D. 磁带、打印机、激光印字机

29. 冯·诺依曼结构计算机的五大基本构件包括运算器、存储器、输入设备、输出设备和(　　)。

A. 显示器 　　　　　B. 控制器 　　　　C. 硬盘存储器 　　　D. 鼠标器

1.3 数制与编码

(1)了解二进制、八进制、十六进制的基本概念和特点；

(2)了解 ASCII 码的基本概念；

(3)了解汉字的编码。

1.3.1 数制的概念及特点

数制是用一组固定的数字和一套统一的规则来表示数的方法。在数值计算中,一般采用的是进位计数。按照进位的规则进行计数的数制,称为进位计数制。也就是说,数制是按进位的原则进行计数,称为进位计数制,简称"数制"。

数值在计算机中以二进制表示,这是由计算机所使用的逻辑器件所决定的,其好处是：运算简单,实现方便,成本低。常用的数制有：

二进制：使用 0,1 共 2 个数字,遵守"逢二进一,借一当二"的原则。

八进制：使用 0,1,2,3,4,5,6,7 共 8 个数字,按"逢八进一,借一当八"的原则。

十进制：使用 0,1,2,3,4,5,6,7,8,9 共 10 个数字,采用"逢十进一,借一当十"的原则。

十六进制：使用 0,1,2,3,4,5,6,7,8,9,A,B,C,D,E,F 共 16 个数字,按"逢十六进一,借一当十六"的原则。

1 位 8 进制数可以转换成 3 位二进制数,从最低位开始向高位进行,不足 3 位最高位用 0 补齐。

1 位 16 进制数可以转换成 4 位二进制数,从最低位开始向高位进行,不足 4 位最高位用 0 补齐。

数制的特点：逢 R 进一,每位的权值是基数 R 的若干次幂,幂次由该位的位置决定。任何一种数制表示的数都可以写成按位权展开的多项式之和。

进制数的表示方法：二进制数在数字后加字母 B,如 1101B；八进制数在数字后加字母 O,如 56O；十进制数在数字后加字母 D 或不加字母,如 826D 或者 826；十六进制数在数字后加字母 H,如 A8000H。

1.3.2　数制间的转换

1. 将八进制数转换为二进制数

例 1　(631.2)₈ 转换为二进制数。

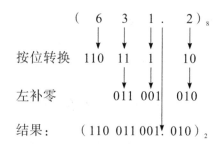

2. 将二进制数转换为八进制数

例 2　(10110.10)₂ 转换为八进制数。

$$（10110.10）_2 =（26.4）_8$$

3. 二进制与十进制之间的转换

按权展开相加，某进制数的值都可以表示为各位数码本身的值与其权乘积之和。

例 3　将(111010)₂ 转换为十进制数。

$$（1\ 1\ 1\ 0\ 1\ 0）_2$$

位权
（权）　2^5　2^4　2^3　2^2　2^1　2^0

本位数字与该位的位权乘积的代数和：

$$1×2^5＋1×2^4＋1×2^3＋0×2^2＋1×2^1＋0×2^0＝32＋16＋8＋2＝（58）_{10}$$

例 4　(207)₁₀＝(11001111)₂，具体过程如下。

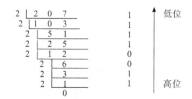

4. 二进制与十六进制之间的转换

将二进制数以小数点为基准，整数部分从右到左，小数部分从左到右，四位为一组，不足四位的用 0 补，得到一位十六进制的数码，而后按高位到低位的顺序连接得到一个十六进制数。

例 5   将 $(100111011.0111101)_2$ 转换为十六进制。

	0001	0011	1011	.	0111	1010
	↓	↓	↓		↓	↓
	1	3	B	.	7	A

得到：$(100111011.0111101)_2 = (13B.7A)_{16}$

1.3.3 信息在计算机中的表示与编码

在计算机中，所有的信息都以二进制形式进行存储和表示，所有数据都由 0 和 1 组成。

1. ASCII 码

对于那些拉丁字母、数字、标点符号以及一些特殊符号，平时将它们简称为字符。所有这些字符的集合称为字符集，这个字符集中的每个字符都必须具有一个唯一的代码，所有字符集中字符的代码组成该字符集的代码表，简称为码表。

ASCII 采用了七位二进制的编码方式，可表示的字符个数为 2 的 7 次方，即 128 个西文字符，如表 1-3-1 所示。

表 1-3-1   ASCII 码表

b6b5b4 b3b2b1b0	000	001	010	011	100	101	110	111
0000	NUL	DLE	SP	0	@	P	`	p
0001	SOH	DC1	!	1	A	Q	a	q
0010	STX	DC2	”	2	B	R	b	r
0011	ETX	DC3	#	3	C	S	c	s
0100	EOT	DC4	$	4	D	T	d	t
0101	ENQ	NAK	%	5	E	U	e	u
0110	ACK	SYN	&	6	F	V	f	v
0111	BEL	ETB	,	7	G	W	g	w
1000	BS	CAN	(	8	H	X	h	x
1001	HT	EM	)	9	I	Y	i	y
1010	LF	SUB	*	:	J	Z	j	z
1011	VT	ESC	+	;	K	[	k	{
1100	FF	FS	,	<	L	\	l	|
1101	CR	GS	—	=	M	]	m	}
1110	SO	RS	.	>	N	^	n	~
1111	SI	US	/	?	O	_	o	DEL

在 ASCII 码表中，前 32 个（编码为 0000000～0011111）以及最后一个（编码为 1111111）是不可显示的控制字符，其余 95 个为普通字符。其中 SP（Space）为空格；数字字符 0～9 按

照顺序排列,其编码为 0110000～0111001,对应十进制是 48～57;大写字母 A～Z 按照顺序排列,编码为 1000001～1011010,对应十进制是 65～90;小写字母 a～z 也是按照顺序排列,编码为 1100001～1111010,对应十进制是 97～122。大写字母与对应的小写字母的编码相差 32。

2. 汉字编码

汉字为象形文字,字种多、字形杂,编码比较困难。在计算机处理汉字时,输入、处理、存储、传输、输出各个环节的编码要求各不相同,所以需要进行一系列的编码和转换。汉字在计算机内部也是以二进制数方式存放的。由于汉字数量多,用一个字节的 128 种状态不能全部表示出来,因此在 1980 年我国颁布的《信息交换用汉字编码字符集——基本集》即国家标准 GB 2312-80 方案中规定用两个字节的 16 位二进制数(2 个字节)表示一个汉字,每个字节都只使用低 7 位(与 ASCII 码相同),即有 128×128=16384 种状态。由于 ASCII 码的 34 个控制代码在汉字系统中也要使用,为不至于发生冲突,不能作为汉字编码,128 减去 34 只剩 94 种,所以汉字编码表的大小是 94×94=8836,用以表示国标码规定的 7445 个汉字和图形符号。

每个汉字或图形符号分别用两位区码(行码)和两位位码(列码)表示,不足的补以 0,组合起来就是区位码。区位码按一定的规则转换成的二进制代码叫作信息交换码(简称国标码)。国标码共有汉字 6763 个(一级汉字,是最常用的汉字,按汉语拼音字母顺序排列,共 3755 个;二级汉字,属于次常用汉字,按偏旁部首的笔画顺序排列,共 3008 个),数字、字母、符号等 682 个,共 7445 个。

(1)汉字输入码

汉字编码的实质就是用字母、数字和一些符号代码的组合来描述汉字。目前,汉字编码的方案有很多种,主要可分为四种:数字编码、字音编码、字形编码和音形编码。将汉字通过键盘输入计算机采用的代码称为汉字输入码。无论是区位码还是国标码都不利于输入汉字,汉字输入码是为了方便汉字的输入而制定的汉字编码。

汉字输入码属于外码。不同的输入方法,形成不同的汉字外码。常见的输入法有以下几类:按汉字的排列顺序形成的编码(流水码),如区位码;按汉字的读音形成的编码(音码),如全拼、简拼、双拼等;按汉字的字形形成的编码(形码),如五笔字型、郑码等;按汉字的音、形结合形成的编码(音形码),如自然码、智能 ABC。输入码在计算机中必须转换成机内码才能进行存储和处理。

(2)汉字内码

汉字内码是汉字在计算机中的编码方案,即汉字在计算机中是如何表示的。为方便计算机内部处理、传输和存储汉字,又区别于 ASCII 码,将国标码中的每个字节在最高位改设为 1,这样就形成了在计算机内部用来进行汉字的存储、运算的编码,叫机内码(或汉字内码,或内码)。内码既与国标码有简单的对应关系,易于转换,又与 ASCII 码有明显的区别,且有统一的标准(内码是唯一的)。

(3)汉字字形码

所谓汉字字形码实际上就是用来将汉字显示到屏幕上或者打印到纸上所需要的图形数据。

全部汉字字形码的集合叫汉字字库。汉字字库可分为软字库和硬字库。软字库以文件的形式存放在硬盘上（通常存放在系统盘系统文件夹下的 font 文件夹中），现多用这种方式；硬字库则将字库固化在一个单独的存储芯片中，再和其他必要的器件组成接口卡，插接在计算机上，通常称为汉卡。

用于显示的字库叫显示字库。显示一个汉字一般采用 16×16 点阵或 24×24 点阵或 48×48 点阵。已知汉字点阵的大小，可以计算出存储一个汉字所需的字节空间。

例如，用 16×16 点阵表示一个汉字，就是将每个汉字用 16 行，每行 16 个点表示，一个点需要 1 位二进制代码，16 个点需用 16 位二进制代码（即 2 个字节），共 16 行，所以需要 16 行×2 字节/行＝32 字节，即用 16×16 点阵表示一个汉字，字形码需用 32 字节。即：

字节数＝点阵行数×（点阵列数/8）

用于打印的字库叫打印字库，其中的汉字比显示字库多，而且工作时不需要调入内存（显示字库需要调入内存）。

可以这样理解：为在计算机内表示汉字而统一的编码方式形成汉字编码，叫内码（如国标码），内码是唯一的。为方便汉字输入而形成的汉字编码为输入码，属于汉字的外码。输入码因编码方式不同而不同，是多种多样的。为显示和打印输出汉字而形成的汉字编码为字形码，计算机通过汉字内码在字模库中找出汉字的字形码，实现其转换。

理论练习

1. 一个 32×32 汉字字形点阵占用的字节数是（　　　）。

A. 128　　　　　　　B. 256　　　　　　　C. 72　　　　　　　D. 186

2. 1 bit 能表示的数据大小是（　　　）。

A. 0 或 1　　　　　　B. 2　　　　　　　　C. 4　　　　　　　　D. 8

3. 十进制数 77.25 转换成二进制数是（　　　）。

A. 1001101.01　　　B. 1101011.01　　　C. 1010101.01　　　D. 1001110.11

4. 二进制数 10110001 相对应的十进制数是（　　　）。

A. 177　　　　　　　B. 123　　　　　　　C. 167　　　　　　　D. 179

5. 下列不同进制的 4 个数中，最大的一个数是（　　　）。

A. $(11011001)_2$　　B. $(75)_{10}$　　　　C. $(37)_8$　　　　　D. $(A7)_{16}$

6. 在微型机的汉字系统中，一个汉字内码占（　　　）个字节。

A. 2　　　　　　　　B. 1　　　　　　　　C. 3　　　　　　　　D. 4

7. 计算机内部用于处理数据和指令的编码是（　　　）。

A. 二进制码　　　　B. 十进制码　　　　C. ASCII 码　　　　D. 汉字编码

8. 与二进制数 11111110 等值的十进制数是（　　　）。

A. 251　　　　　　　B. 252　　　　　　　D. 253　　　　　　　D. 254

9. 计算机中的所有信息都是以二进制方式表示的，主要理由是（　　　）。

A. 运算速度快　　　　　　　　　　B. 节约元件

C. 所需的物理元件最简单　　　　　D. 信息处理方便

10. 在计算机内部，数据加工、处理和传送的形式是（　　　）。

A. 二进制码　　　　B. 八进制码　　　　C. 十进制码　　　　D. 十六进制码

11. 下列 4 组数中依次为二进制、八进制和十六进制的是（　　　）。

A. 11,78,19 　　　 B. 12,77,10 　　　 C. 12,80,10 　　　 D. 11,77,19

12. 在下列 4 个数中数值最大的是（　　　）。

A. 123D 　　　 B. 111101B 　　　 C. 56O 　　　 D. 80H

13. 下列各类进制的整数中，值最大的是（　　　）。

A. 十进制数 11 　　　 B. 八进制数 11 　　　 C. 十六进制数 11 　　　 D. 二进制数 11

14. 在二进制数中，能使用的最小数字符号是（　　　）。

A. 0 　　　 B. 1 　　　 C. -1 　　　 D. $R-1$

15. 在微型计算机中，应用最普遍的字符编码是（　　　）。

A. BCD 码 　　　 B. ASCII 码 　　　 C. 汉字编码 　　　 D. 补码

16. 下列字符中 ASCII 码值最小的是（　　　）。

A. a 　　　 B. A 　　　 C. f 　　　 D. Z

17. 已知英文字母 m 的 ASCII 码值为 109，那么英文字母 p 的 ASCII 码值为（　　　）。

A. 111 　　　 B. 112 　　　 C. 113 　　　 D. 114

18. 对输入到计算机中的某种非数值型数据用二进制数来表示的转换规则称为（　　　）。

A. 编码 　　　 B. 数制 　　　 C. 校检 　　　 D. 信息

19. ASCII 码可以表示的字符个数是（　　　）。

A. 256 　　　 B. 255 　　　 C. 128 　　　 D. 127

20. 计算机内部用于汉字信息的存储、运算的信息代码称为（　　　）。

A. 汉字输入码 　　　 B. 汉字内码 　　　 C. 汉字字形码 　　　 D. ASCII 码

21. "美国信息交换标准代码"的缩写是（　　　）。

A. EBCDIC 　　　 B. ASCII 　　　 C. GB 2312-80 　　　 D. BCD

1.4　信息输入

考试要求

（1）了解计算机键盘的基本布局；

（2）学会正确操作计算机键盘的方法；

（3）学会拼音输入法。

知识讲解

1.4.1　键盘的基本操作

键盘是计算机重要的输入设备，按按键功能的不同可以把它分为功能键区、主键盘区、编辑键区和小键盘区四个区以及指示灯，如图 1-4-1 所示。

图 1-4-1　计算机键盘的功能区

1. 主键盘区

字符键区也是主键盘区,是键盘最大、最主要的使用区域。这个区的按键包括英文字母键、数字/常用符号键、常用控制键等。

Caps Lock:大写字母锁定键。按一次该键,键盘右上方对应的 Caps Lock 指示灯亮,表示字符键处于大写英文字母锁定状态,即按下英文字母键,将输入一个大写英文字母。再按一次该键,键盘右上方的指示灯熄灭,表示字符键处于小写英文字母状态,即按下英文字母键,将输入一个小写英文字母。

Shift:上档键,左、右各一个,以便于左、右手配合使用。该键用于帮助输入双字符键上面的符号。按下该键,再击打一个双字符键,将输入双字符键上面的符号。此外,当键盘处于小写字母输入状态时,按下该键,再击打一个字母键,将输入这个大写英文字母;当键盘处于大写字母锁定状态时,按下该键,再击打一个字母键,将输入这个小写英文字母。

Backspace:退格键,常标为"←"。在文档编辑状态,按一次该键,将删除插入点光标前一个字符。

Tab:制表位键。在文档编辑状态,按一次该键,插入点光标将右移一个制表位。此外,如果在桌面上打开多个窗口,按下 Alt+Tab 键,可实现窗口的转换。

Enter:回车键,用于完成"确认"操作。在文档编辑状态,则为换行分段操作。

Ctrl、Alt:控制键,多用于组合键,即与其他键配合使用。如在 Windows 系统中,按下 Alt 键,击打 F4 键(即 Alt+F4),将关闭当前窗口;按下 Ctrl+Shift,可切换输入法;按下 Ctrl+Space(空格键),可使输入法在当前汉字输入法和英文输入状态间转换。

Space:空格键,在文档编辑状态,按一次该键,将输入一个空格。

2. 功能键区

功能键区位于键盘的上方,包括 Esc 键、F1～F12 键等。

Esc 键:多用于退出应用程序、关闭窗口等操作。

F1～F12 键:在不同的应用程序中,其功能的定义有所不同。如在 Windows 操作系统中,按 F1 键用于运行帮助系统,以获得与当前操作相关的帮助信息;按 F3 键则可打开"查找"或"搜索"对话框,搜索指定的文档、文件等。在"记事本"编辑状态,按 F5 键可在当前插入点光标处插入系统当前日期和时间。在启动 Windows 操作系统时,按 F8 键可进入启动选择菜单，以选择启动方式。

有些键盘该区还有以下功能键：

Wake Up：唤醒系统键。当系统处于休眠状态时，按该键可唤醒系统，使其处于工作状态。

Sleep：休眠键。如果要暂时离开计算机，为省电，可使系统处于休眠状态。

注：休眠和唤醒功能是否能用，取决于主板是否支持休眠和唤醒，并需在 COMS 中进行正确设置。

Power：电源开关。如果主板支持一键开机功能，并在 COMS 中进行了正确设置，就可用该键启动和关闭系统。

3. 编辑键区

编辑键区位于字符键区和小键盘区之间。

Print Screen：屏幕内容复制键，按一次该键，将把整个屏幕内容复制到剪贴板中，用于文档或保存为图片。如果按下 Ctrl＋Print Screen 键，则仅复制当前窗口到剪贴板。

Scroll Lock：滚动锁定键。按一次该键，键盘右上方对应的指示灯亮，其作用是在显示长文件时，用于停止滚动。再按一次该键，键盘右上方对应的指示灯熄灭，可恢复滚动。

Pause Break：暂停键。用于暂停程序的运行，可按任意键恢复程序的运行。

Insert：插入/改写状态转换键。在 Word 等文档编辑状态，默认为插入状态，即输入的字符将插入到插入点光标位置，后面的字符依次退后。按一次该键，插入状态转换为改写状态，即输入的字符将覆盖后面的字符；再按一次该键，则改写状态转换成插入状态。

Delete：删除键。在文档编辑状态，按一次该键，将删除已选定的内容或删除插入点光标后的一个字符。

Home：在文档编辑状态，按一次该键，插入点光标移动到当前所在行的行首。

End：在文档编辑状态，按一次该键，插入点光标移动到当前所在行的行尾。

Page Up：在文档编辑状态，按一次该键，插入点光标向上移动一屏。

Page Down：在文档编辑状态，按一次该键，插入点光标向下移动一屏。

↑、↓、←、→：光标控制键，按一次该键，光标向上或向下移动一行，或向左、向右移动一个字符。

4. 小键盘区

小键盘区位于键盘的右侧。

Num Lock：数字状态锁定键。按下该键，上面对应的指示灯亮，表明小键盘处于数字输入状态，以方便大量数字的输入。再次按下该键，上面对应的指示灯熄灭，表明小键盘处于编辑控制状态，按下数字键，将按按键上标注的编辑键功能进行操作。

＊：在数值运算中，该键表示乘号。

/：在数值运算中，该键表示除号。

1.4.2　拼音输入法

拼音输入法主要有全拼、智能 ABC 和微软拼音三种。下面我们就对智能 ABC 输入法进行介绍。智能 ABC 提供的拼音输入方法主要有三种：全拼输入、简拼输入、混拼输入。智能 ABC 输入法支持以词、词组、短语等方式输入汉字。

1. 全拼输入

按照标准的汉语拼音规则逐个输入所选中文字词的全部拼音字母。全拼输入适合于输入单音节词以及一般双音节词。输入时注意隔音符号"'"的使用,该符号用于分隔不同的音节。例如,要输入"西安",输入 xi'an。

2. 简拼输入

如果用户对汉语拼音把握不甚准确,可以使用简拼输入。简拼输入法的编码由各个音节的第一个字母组成,对于包含 zh、ch、sh 这样的音节,也可以取前两个字母组成。例如:

汉字全拼	简拼
国家 guojia	gj
人民 renmin	rm
春天 chuntian	ct,cht

此外,在使用简拼输入法时,隔音符号可以用来排除编码的二义性。例如,若用简拼输入法输入"中华",简拼编码不能是"zh",因为它是复合声母"知",因此正确的输入应该使用隔音符"'",输入"z'h",即可输入"中华"两字。

3. 混拼输入

智能 ABC 输入法支持混拼输入,也就是输入两个音节以上的词语时,有的音节可以用全拼编码,有的音节可以用简拼编码。例如,输入"计算机"一词,其全拼编码是"jisuanji",也可以采用混拼编码"jisj"或"jisji"。此外,在使用混拼输入法时,也可以用隔音符号来排除编码的二义性。例如,"历年"一词的混拼编码为"li'n",而不是"lin",因为"lin"是"林"的拼音。智能 ABC 输入法还为不会汉语拼音,或者不知道某字的读音时,提供了"笔形输入"方法。为减少全拼或简拼输入时的重码,提供了"音形混合输入"方法。另外,还为专业人员提供了一种快速的"双打输入"方法。

理论练习

1. 按正确指法击 D 键,应使用(　　　)。

A. 右手食指　　　　B. 左手食指　　　　C. 右手中指　　　　D. 左手中指

2. 在输入处理文字时要删除光标右边的字符,可按(　　　)键。

A. Delete　　　　B. Backspace　　　　C. Space　　　　D. Insert

3. 在进行键盘输入时,双手的小拇指应放在(　　　)。

A. 主键盘区边缘的外侧　　　　　　　B. 键盘的 A 和;键上

C. 键盘的空格键上　　　　　　　　　D. 悬空不放在任何键上

4. 在输入中文时,应先按(　　　)组合键打开输入法。

A. Alt＋Shift　　　　B. Ctrl＋Space　　　　C. Ctrl＋Alt　　　　D. Alt＋Space

5. 下列说法不正确的是(　　　)。

A. Num Lock 灯亮时,可以在数字小键盘中输入数字

B. 标准 104 键盘中有二个 Enter 键,它们的功能相同

C. Ctrl 键是键盘中的功能键

D. Caps Lock 灯亮时不能输入小写字母

6. 下面(　　　)操作能用键盘完成复制和粘贴。

A. Ctrl＋V,Ctrl＋C　　　　　　　　　　　B. Ctrl＋C,Ctrl＋X

C. Ctrl＋C,Ctrl＋V　　　　　　　　　　　D. Ctrl＋V,Ctrl＋X

7. 在 Windows 7 中按"Print Screen"键可以把屏幕内容(　　)。

A. 直接在打印机上打印出来

B. 直接送到 Word 中进行编辑修改

C. 直接送到剪贴板上暂时保存

D. 直接送到图像编辑软件"画图"中进行编辑修改

8. 按下列(　　)组合键,可以在各种中文输入法之间进行切换。

A. Ctrl＋Shift　　　　B. Ctrl＋Space　　　　C. Alt＋Space　　　　D. Shift＋Space

9. 字符♯与 3 在同一键中,要正确地输入字符"♯"应该(　　)。

A. 按一下 Ctrl 键再按该键　　　　　　　B. 按一下 Shift 键再按该键

C. 按住 Shift 键再按该键　　　　　　　　D. 按住 Ctrl 键再按该键

10. 用"智能 ABC 输入法"输入汉字时,键盘上的(　　)。

A. Num Lock 灯必须处于点亮状态　　　　B. Scroll Lock 灯必须处于关闭状态

C. Caps Lock 灯必须处于关闭状态　　　　D. Num Lock 灯必须处于关闭状态

第 2 章　Windows 7 操作系统

本章要点

1. Windows 7 操作系统入门；
2. 文件管理；
3. 管理和应用 Windows 7 操作系统；
4. 系统维护与常用工具软件使用。

2.1　Windows 7 操作系统入门

考试要求

（1）了解 Windows 7 操作系统的基本概念，理解操作系统在计算机系统运行中的作用；

（2）了解 Windows 7 操作系统的特点、功能、组成和分类；

（3）熟练掌握启动/关闭计算机系统的方法；

（4）了解 Windows 7 操作系统图形界面的对象，熟练使用鼠标完成对窗口、菜单、工具栏、任务栏、对话框的操作；

（5）了解快捷键和快捷菜单的使用方法。

知识讲解

2.1.1　操作系统的概念

操作系统（operating system，OS）是计算机软件系统中最主要、最基本的系统软件，是用于控制和管理计算机硬件与软件资源，合理地组织计算机工作流程，方便用户充分而有效利用这些资源的程序集合。其他软件都必须在操作系统的管理和调度下运行。操作系统按不同标准可分为以下类型，如图 2-1-1 所示。

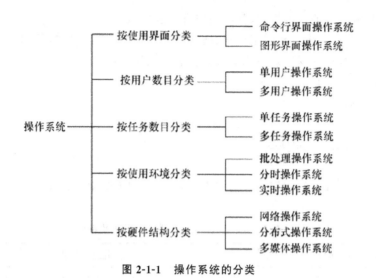

图 2-1-1　操作系统的分类

常见的操作系统及特点如表 2-1-1 所示。

表 2-1-1　常见操作系统及特点

操作系统	主要特点
DOS	微软公司早期开发的基于字符界面的操作系统,是一种单用户、单任务的操作系统
Windows	微软公司开发的基于图形用户的桌面操作系统,其中,常用的 Windows 7 和 Windows 10 是一种多用户、多任务的操作系统,Windows XP 是一种单用户、多任务的操作系统
Mac OS	苹果公司开发的基于图形用户界面的操作系统
Unix	是一种多用户、多任务的操作系统
Linux	由 Unix 发展而来,是一种多用户、多任务的操作系统
Android	Google 公司开发的移动操作系统
IOS	苹果公司开发的移动操作系统

2.1.2　操作系统的功能

操作系统主要包括五个方面的管理功能:进程与处理机管理、作业管理、存储管理、设备管理、文件管理。

2.1.3　Windows 7 的特点

(1)面向对象的图形用户界面,操作直观、简便。用户对计算机的各种复杂操作只需通过点击鼠标就可以实现。

(2)程序执行窗口化。在 Windows 中启动程序和软件一般都会打开一个对应的窗口,不同的窗口具有的特征基本相同,基本操作方法也类似。

(3)多任务并行操作。允许用户同时运行多个应用程序。例如,可以一边编辑文稿,一边听音乐。正在运行的程序最小化窗口后会显示在任务栏中。

(4)强大的搜索功能。

(5)安全可靠。

2.1.4 Windows 7 的版本

Windows 7 操作系统根据用户的需求发布了 6 个版本,各版本的用途及特点如表 2-1-2 所示。

表 2-1-2　Windows 7 各版本、用途及特点

Windows 7 版本	用途及特点
初级版(Windows 7 Starter)	功能最少的一个版本,主要用于类似上网本的低端计算机
家庭基础版(Windows 7 Home Basic)	简化的家庭版本,主要针对中、低端的家庭计算机
家庭高级版(Windows 7 Home Premium)	主要是针对家用主流计算机市场而开发的版本,满足家庭娱乐的需求,包含所有桌面增强和多媒体功能
企业版(Windows 7 Enterprise)	主要面向小企业用户和计算机爱好者,满足办公开发需求(涵盖了家庭高级版的所有功能),包含加强的网络功能
专业版(Windows 7 Professional)	主要是面向企业市场的高级版本,满足企业数据共享、管理、安全等需求
旗舰版(Windows 7 Ultimate)	拥有了 Windows 7 操作系统所有的功能,面向高端用户和软件爱好者

2.1.5 Windows 7 的桌面

Windows 7 的桌面是指整个屏幕区域,主要由桌面背景、图标、开始菜单和任务栏等组成。Windows 7 操作系统的所有操作都可以从桌面开始,如图 2-1-2、图 2-1-3 和图 2-1-4 所示。

2.1.6 启动和退出 Windows 7

1. 启动 Windows 7 操作系统

启动计算机之前,先检查计算机主机与电源、显示器、键盘、鼠标等设备是否正确连接,检查电源是否有电。接着按下计算机主机电源开关,系统开始自检,然后启动 Windows 7 系统,进入桌面,如图 2-1-2 所示。若用户设置了多个账户,启动过程中可能会出现用户登录界面,需要选择用户并输入密码才能登录。

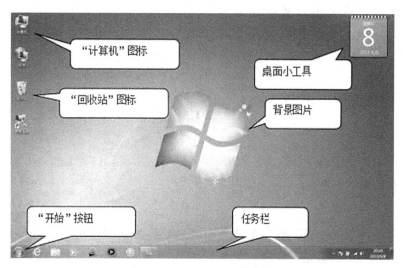

图 2-1-2　Windows 7 的桌面

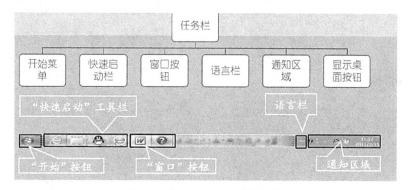

图 2-1-3　Windows 7 的任务栏

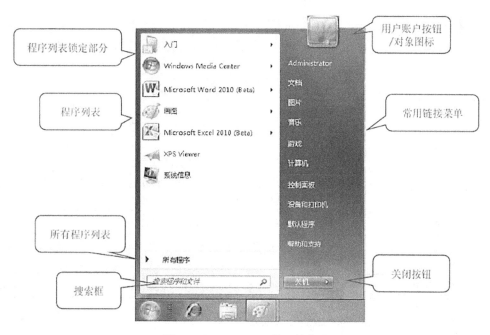

图 2-1-4　Windows 7 的开始菜单

2. 退出 Windows 7 操作系统

关闭计算机之前要把重要的数据、文件等保存好，先关闭所有已经打开的程序窗口，再单击任务栏上的"开始"按钮，在弹出的"开始"菜单中选择"关机"。

2.1.7　Windows 7 的窗口

1. 认识窗口

双击桌面上"计算机"图标，就会弹出"计算机"窗口，窗口由地址栏、菜单栏、资源列表、状态栏、工作区和控制按钮等组成，如图 2-1-5 所示。

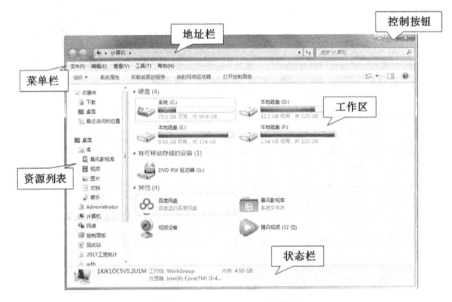

图 2-1-5　Windows 7 的窗口

2. 窗口的基本操作

Windows 7 窗口的操作主要有"打开""移动""更改大小""切换""排列"和"关闭"，如表 2-1-3 所示。

表 2-1-3　Windows 7 窗口的基本操作

窗口操作	操作说明
打开窗口	可使用鼠标双击程序或文档，右键点击图标或单击"开始"菜单中的图标
移动窗口	可使用鼠标左键按住窗口的标题栏进行移动
更改窗口的大小	可将鼠标指针放在窗口的 4 个角或 4 条边上，按住左键进行拖动，或单击"最小化窗口""最大化与还原窗口"
切换窗口	可使用任务栏、Alt＋Tab 或 Win＋Tab 进行切换
排列窗口	可右键单击任务栏空白处，在弹出的快捷菜单中选择"层叠窗口""堆叠窗口""并排显示窗口"
关闭窗口	可使用鼠标单击"关闭"按钮、"文件"中"关闭"命令、Alt＋F4 等进行关闭

2.1.8　Windows 7 的菜单

1. 认识菜单

Windows 7 操作系统中,菜单的类型有"开始"菜单、下拉菜单、级联菜单、控制菜单和快捷菜单。部分菜单如图 2-1-6 所示。

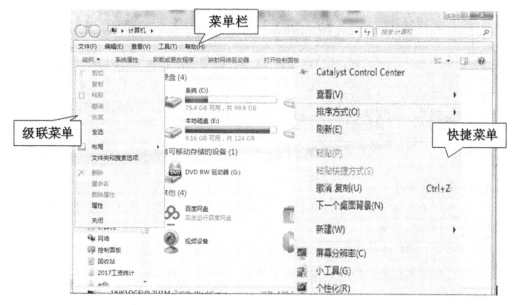

图 2-1-6　Windows 7 菜单的类型

2. 菜单的使用

菜单的一般操作可以使用鼠标单击菜单命令、使用键盘选择菜单命令、使用快捷菜单和快捷键来执行相应的功能。另外,菜单中有一些特殊符号的规定,如图 2-1-7 所示。

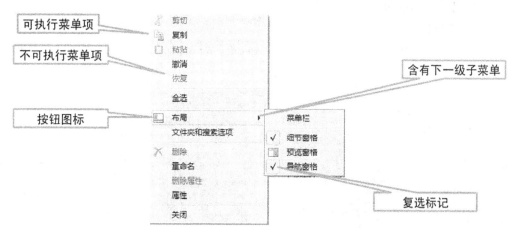

图 2-1-7　菜单项的分类

2.1.9　Windows 7 的任务栏

1. 认识任务栏

任务栏是位于桌面最下方的一个小长条,它由"开始"按钮、快速启动栏、"窗口"按钮、语言栏、通知区域等组成,如图 2-1-8 所示。

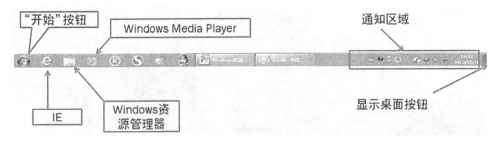

图 2-1-8　任务栏的组成

2. 任务栏的使用

(1)任务栏上会显示系统正在运行的程序对应的窗口按钮,用户可通过任务栏切换窗口,进行多窗口排列等操作。

(2)用户可以把程序添加到任务栏的快速启动栏上,也可以从任务栏上解锁程序。

(3)用户可以将任务栏位置锁定于屏幕底部,或移动到顶部、左右两侧。

2.1.10　Windows 7 的对话框

对话框是 Windows 操作系统提供给用户执行应用程序的一种形式。对话框主要用来进行人与系统之间的信息交互,用户通过对对话框中不同组件的选择或信息填写,可使得该应用程序进行不同的操作。

1. 认识对话框

对话框一般包含标题栏、复选框、单选按钮、选项列表、命令按钮等,如图 2-1-9 所示。

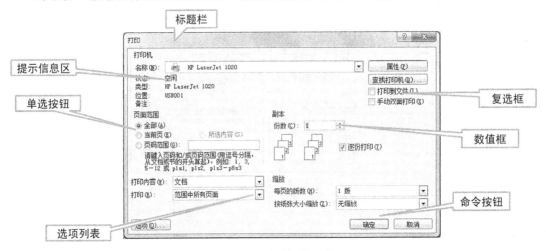

图 2-1-9　对话框的组成

2. 窗口和对话框的区别

(1)窗口一般有菜单栏、工具栏、状态栏、最大化和最小化按钮等组件,而对话框没有,对话框只有关闭按钮。

(2)窗口可以移动和改变大小,而对话框只能移动,不能改变大小。

(3)窗口可以多个并行操作,而同一个文档窗口中一次只能对一个对话框进行操作。

2.1.11 Windows 7 的快捷键

Windows 7 的快捷键是在 Windows 7 操作系统中通过不同的按键组合,达到快速执行某个命令或者启动某个软件的方式,如表 2-1-4 所示。

表 2-1-4 Windows 7 常用快捷键

键位	操作
Win+L	锁定计算机用户
Win+D	显示桌面
Win+E	打开资源管理器
Win+PrtScr	将屏幕复制到剪贴板
F1	显示帮助
F2	重命名选定项目
F3	搜索文件或文件夹
F5	刷新活动窗口
Ctrl+C	复制选择的项目
Ctrl+X	剪切选择的项目
Ctrl+V	粘贴选择的项目
Ctrl+W	关闭当前网页
Ctrl+Z	撤销
Ctrl+Y	重新执行某项操作
Ctrl+A	全选
Ctrl+O	打开
Ctrl+N	新建
Ctrl+S	保存
Ctrl+P	打印
Alt+Enter	显示所选项的属性
Alt+Tab	切换
Alt+F4	关闭
Delete	删除并移动到"回收站"
Shift+Delete	直接删除

![实践训练图标] **实践训练**

按以下的操作步骤要求进行操作。

1. 查看一下所使用的计算机安装的是什么操作系统。

☞可以使用鼠标右键点击"计算机"图标，从弹出的快捷菜单中选择"属性"命令，在弹出的窗口中查看有关计算机的基本信息。

2. 给桌面添加一个桌面小工具。

☞可以在桌面空白处右击，从弹出的快捷菜单中选择"小工具"菜单命令。在弹出的"小工具库"窗口中选择相应的小工具直接拖放到桌面即可。

3. 利用快捷键打开"资源管理器"窗口，并进行窗口的基本操作。

☞可以使用"Win＋E"快捷键打开"资源管理器"窗口，对弹出的窗口进行移动、改变大小等操作。

4. 打开任务栏和"开始"菜单属性对话框，并设置锁定任务栏。

☞可以在任务栏空白处右击，从弹出的快捷菜单中选择"属性"命令，在弹出的任务栏和"开始"菜单属性对话框中勾选"锁定任务栏"即可。

5. 设置桌面背景，更改主题。

☞可以在桌面上右击，从弹出的快捷菜单中选择"个性化"命令，打开"个性化"窗口，选择需要的主题。更改主题后，观察桌面背景、窗口颜色、屏幕保护程序有何变化。

理论练习

1. 以下不属于操作系统软件的是（　　　）。

A. Unix/Linux　　　　B. Office 2010　　　　C. DOS　　　　D. Windows 7

2. 不属于 Windows 7 操作系统特点的是（　　　）。

A. 采用图形窗口界面　　　　　　　B. 多任务并行操作

C. 采用字符操作界面　　　　　　　D. 既能使用键盘操作也能使用鼠标操作

3. 有关 Windows 7 操作系统功能的说法中，不正确的是（　　　）。

A. Windows 7 管理计算机软件和硬件资源

B. Windows 7 内置了较强的网络功能

C. Windows 7 只能管理计算机文件

D. Windows 7 是用户与计算机之间通信的接口

4. Windows 7 的桌面指的是（　　　）。

A. 所有窗口　　　　B. 整个屏幕　　　　C. 活动窗口　　　　D. 整个窗口

5. 更改 Windows 7 桌面主题主要包括（　　　）。

A. 更改窗口颜色　　　　　　　B. 更改桌面背景

C. 设置屏幕保护程序　　　　　　D. 以上都是

6.（　　　）版本的 Windows 7 包含的功能最多。

A. 旗舰版　　　　B. 家庭基础版　　　　C. 企业版　　　　D. 初级版

7. Windows 7 的任务栏（　　　）。

A. 只能改变大小，不能改变位置　　　　B. 只能改变位置，不能改变大小

C. 既能改变大小也能改变位置　　　　　D. 既不能改变大小也不能改变位置

8. 在 Windows 7 中若要移动一个窗口,必须把鼠标指针指向(　　)再按住鼠标拖动。

A. 地址栏　　　　　B. 标题栏　　　　　C. 状态栏　　　　　D. 滚动条

9. 下列属于快捷方式图标的是(　　)。

A. 　　　B. 　　　C. 　　　D.

10. 若在 Windows 7 系统中同时打开多个窗口,下列说法中错误的是(　　)。

A. Windows 中当前窗口可以有多个

B. 多个窗口可以按层叠、堆叠或并排显示

C. 标题栏呈高亮显示的是活动窗口

D. Windows 中当前窗口只有一个

11. 在 Windows 7 系统中,当一个窗口被最大化后它将不能(　　)。

A. 移动　　　　　B. 改变大小　　　　　C. 还原　　　　　D. 关闭

12. 在 Windows 7 系统中,显示在窗口最顶部的称为(　　)。

A. 预览窗格　　　　　B. 工具栏　　　　　C. 菜单栏　　　　　D. 标题栏

13. 在 Windows 7 系统中,能弹出对话框的操作是(　　)。

A. 选择了颜色变灰的菜单选项　　　　　B. 选择了带"▶"的菜单选项

C. 选择了带"…"的菜单选项　　　　　D. 选择了带快捷键的菜单选项

14. 在 Windows 7 系统中,菜单的类型有"开始"菜单、快捷菜单、级联菜单、窗口控制菜单和(　　)。

A. 复选菜单　　　　　B. 下拉菜单　　　　　C. 单选菜单　　　　　D. 隐形菜单

15. 将一个应用程序窗口最小化,表示(　　)。

A. 终止该应用程序的运行　　　　　B. 该程序窗口被自动关闭

C. 该应用程序转入后台暂停运行　　　　　D. 该应用程序转入后台继续运行

16. 在对话框的组成中,不包含(　　)。

A. 菜单栏　　　　　B. 选项卡、命令按钮

C. 单选按钮、复选框　　　　　D. 列表框、文本框

17. 在菜单中,选项后面带有标记"▶"的项目表示(　　)。

A. 含有对话框　　　B. 含有子菜单　　　C. 单选选中　　　D. 含有列表框

18. 对话框中某选项前的"◉"表示的含义是(　　)。

A. 单选项,当前被选中　　　　　B. 复选项,当前被选中

C. 单选项,当前未被选中　　　　　D. 复选项,当前未被选中

19. 要在打开的几个窗口之间切换,不可以使用(　　)。

A. Alt＋Tab　　　　　B. Ctrl＋B

C. Alt＋Esc　　　　　D. 单击任务栏上的窗口按钮

20. 有关对话框和窗口的说法中不正确的是(　　)。

A. 窗口和对话框都可以移动　　　　　B. 窗口可以改变大小,而对话框不能

C. 窗口和对话框都可以关闭　　　　　D. 对话框和窗口的作用是一样的

2.2　文件管理

（1）理解文件和文件夹的概念和作用；

（2）熟练掌握"资源管理器"和"库"对文件等资源进行管理的方法；

（3）熟练掌握文件与文件夹的基本操作（选取、新建、移动、复制、删除、更名、搜索和属性设置等）；

（4）了解常用文件的类型。

2.2.1　认识文件和文件夹

1. 认识文件

文件是具有文件名储存在外存上的一组相关信息的集合，也称文档，是计算机处理信息的基本单位。Windows 中的任何文件都是用图标和文件名来标识的，如图 2-2-1 所示。

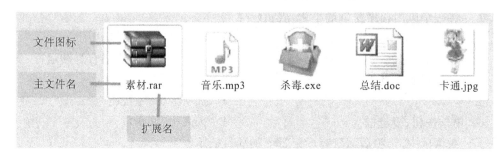

图 2-2-1　文件的组成

文件名由主文件名和扩展名两部分组成，中间由"."分隔。主文件名最多可以由 255 个英文字符或 127 个汉字组成，或者混合使用字符、汉字、数字甚至空格。但是，文件名不能含有"\""/"":""<"">""?"" * """"和"|"字符。扩展名通常为 3 个英文字符，扩展名决定了文件的类型，常说的文件格式指的就是文件的扩展名，如表 2-2-1 所示。

表 2-2-1　常用文件扩展名及图标

图标	扩展名	文件类型	关联程序
	.txt、.log	文本文件、日志文件	记事本 Notepad
	.doc 或.docx	Word 文件	Microsoft Word
	.xls 或.xlsx	Excel 文件	Microsoft Excel
	.ppt 或.pptx	PowerPoint 文件	Microsoft PowerPoint
	.htm、.html	超文本格式文件	IE 浏览器
	.mdb	Access 数据库文件	Microsoft Access
	.rar、.zip	压缩文件,需解压缩才能阅读	WinRAR
	.mp3、.avi、.smi 等	音频、视频文件	Windows Media Player 等
	.jpg、.bmp 等	图片文件	图像处理软件
	.pdf	PDF 文件	Adobe Reader 等
	.ini	系统配置文件	
	.hlp	帮助文件	
	.bak、.bin、.tmp、.old、.prx、.acm 等	与系统有关的,或找不到关联程序的文件	
	.dat	数据文件	
	.exe、.com	.exe 是可执行命令文件,.com 是系统命令文件,双击即可执行命令;而大多数.exe 文件都有自己特定的图标	
	.sys、.dll	.sys 是系统命令文件,.dll 是应用软件扩展命令文件	
	.bat	批处理文件	

文件除了有文件名外,还有文件的大小、占用空间等信息,这些信息都称为文件属性,主要有只读(R)、隐藏(H)和存档(I)三种。鼠标右击文件,从弹出的快捷菜单中单击"属性"选项,在弹出的"属性"对话框中可以查看并设置相应的属性。

2. 认识文件夹

文件夹是计算机磁盘中保存某一类文件的区域,主要由文件夹图标和文件夹名称组成。Windows 7 用文件夹来分类管理计算机中的文件,如图 2-2-2 所示。

图 2-2-2　文件夹的组成

2.2.2　资源管理器和库的使用

1. 认识资源管理器

资源管理器是 Windows 7 操作系统组织和管理文件和文件夹的重要工具,它显示了计算机中所有文件、文件夹和驱动器的层次结构,如图 2-2-3 所示。

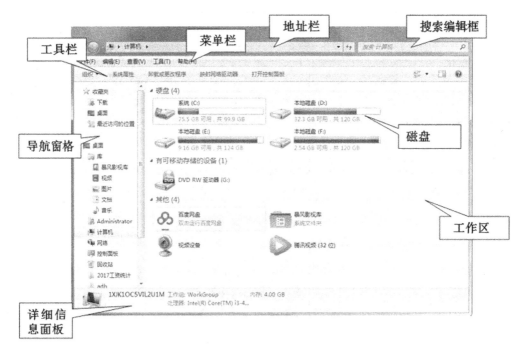

图 2-2-3　资源管理器界面

2. 资源管理器的使用

启动资源管理器的方法有多种,常用的有以下三种:

(1)按键盘快捷键 Win+E。

(2)单击"开始"按钮→"所有程序"→"附件"→"Windows 资源管理器"命令。

(3)右击"开始"按钮,从弹出的快捷菜单中选择"打开 Windows 资源管理器"命令。

3. 认识库

Windows 7 的库用于管理文档、音乐、图片和其他文件的位置。打开"资源管理器"窗口，单击左侧导航窗格中的"库"，工作区中就会显示库中默认的对象（音乐、文档、图片、视频），如图 2-2-4 所示。

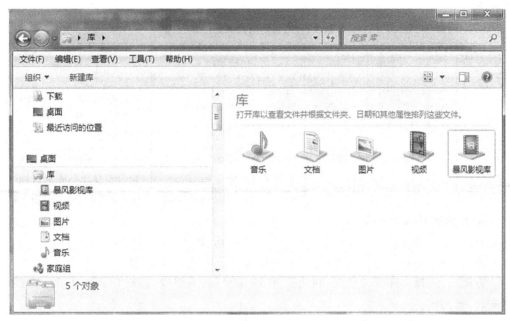

图 2-2-4　库的窗口

4. 库的使用

新建一个名为"学生学业水平考试文档"的库，操作步骤如下：启动"库"窗口→单击"新建库"按钮→输入库的名称"学生学业水平考试文档"，并按回车键确认。

若要删除库，只需右击库名称，在弹出的快捷菜单上选择删除命令即可。

2.2.3 管理文件和文件夹

1. 新建文件或文件夹

方法一：打开要创建新文件或文件夹的目的盘，选择"文件"菜单的"新建"命令来创建。

方法二：在选定位置空白处单击鼠标右键，从弹出的快捷菜单中选择"新建"命令来创建。

2. 选择文件或文件夹

选定一个：单击。

选定多个（连续）：单击第一个→Shift＋单击最后一个；选定多个（不连续）：Ctrl＋逐个单击。

全部选定：编辑→全部选定或 Ctrl＋A。

3. 重命名文件或文件夹

方法一：鼠标单击文件或文件夹，利用"文件"下拉菜单中的"重命名"命令来完成。

方法二：鼠标右击文件或文件夹，在快捷菜单中选择"重命名"命令来完成。

方法三：鼠标单击文件或文件夹，利用"F2"快捷键来完成。

4. 移动与复制文件或文件夹

移动或复制文件或文件夹是两个不同的操作，具体可以采用三种方法来实现，如表2-2-2所示。

表 2-2-2   移动与复制的操作方法

方法\操作	菜单法	快捷键法	拖动法
复制	选定文件→编辑→复制→选择目标位置→粘贴	选定文件→编辑→Ctrl＋C→选择目标位置→Ctrl＋V	选定文件→按下Ctrl键并拖动文件到目标位置（异盘复制可直接拖动）
移动	选定文件→编辑→剪切→选择目标位置→粘贴	选定文件→编辑→Ctrl＋X→选择目标位置→Ctrl＋V	选定文件→拖动文件到目标位置（异盘移动要按住Shift键）

5. 删除文件或文件夹

方法一：单击文件或文件夹，选择"文件"菜单中"删除"命令来完成。

方法二：鼠标右击文件或文件夹，从弹出的快捷菜单中选择"删除"命令来完成。

方法三：选择文件或文件夹，利用键盘"Delete"（放入回收站）或"Shift＋Delete"（彻底删除文件）来完成。

方法四：选择文件或文件夹，直接拖到"回收站"来完成。

6. 搜索文件或文件夹

在使用计算机时，人们经常会忘记文件放在了哪个文件夹中，或者文件夹位于哪个盘，此时便可使用 Windows 7 提供的查找工具来进行搜索。

方法一：单击"开始"按钮→"搜索"命令来完成。

方法二：打开"我的电脑"窗口，单击工具栏中的"搜索"按钮或者按 Win＋F 打开搜索助理窗格。

7. 隐藏或显示隐藏的文件或文件夹

在日常工作和学习中，为了避免私人信息被别人查看或修改，可以将它们隐藏起来。要隐藏文件或文件夹，可右击该文件或文件夹，从弹出的快捷菜单中选择"属性"命令，打开其属性对话框，如图2-2-5所示。

要彻底使别人看不到隐藏的文件或文件夹，可在文件夹窗口中选择"工具"中的"文件夹选项"命令，打开"文件夹选项"对话框。切换到"查看"选项卡，在"高级设置"列表框中选中"不显示隐藏的文件和文件夹"单选按钮，并单击"确定"按钮使设置生效即可，如图2-2-6所示。

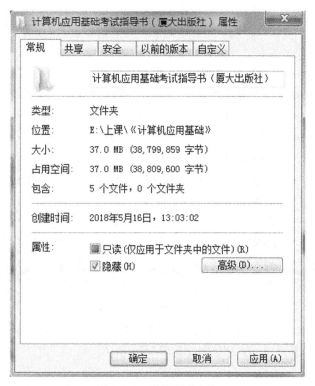

图 2-2-5　设置隐藏文件

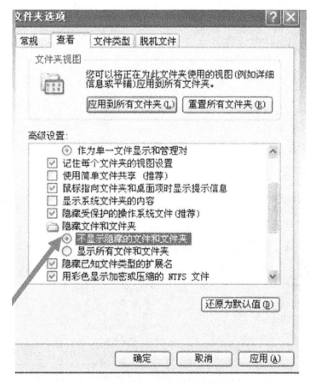

图 2-2-6　文件夹选项

实践训练

请按要求完成以下操作：(必须按题目顺序做题!)

考生文件夹为"C:\15000001"，此考生文件夹在做题过程中根据要求创建。

1. 启动 Windows 的"资源管理器"，设置文件"查看方式"为"列表"；设置左边的"导航窗格"，要求"显示所有文件夹"和"自动扩展到当前文件夹"；设置"查看"选项，要求"显示隐藏的文件、文件名和驱动器"和"不隐藏已知文件类型的扩展名"。

2. 在 C 盘根目录下创建新文件夹 15000001，作为考生文件夹。

3. 在考生文件夹下创建 5 个新文件夹 WEAR、MYNEW、WRITE、CHILD 和 HIDE，并设置 HIDE 文件夹的属性为隐藏和只读。

4. 在考生文件夹下的 MYNEW 文件夹中创建 2 个新文本文档 MYTEXT.TEXT 和 DDD.TXT，并设置 MYTEXT.TEXT 文件的属性为"隐藏"和"存档"。

5. 在考生文件夹下的 WEAR 文件夹中创建新文本文档并重命名为 WORK.WER；再将 WORK.WER 文件复制 2 份，一份直接保存到考生文件夹下，另一份就放在 WEAR 文件夹(相同文件夹)中，但文件名改为 WORK.W。

6. 将考生文件夹下 WEAR 文件夹中的 WORK.W 文件移动到考生文件夹下的 CHILD 文件夹内，并改名为 WORKER.BAT。删除 MYNEW 文件夹中的 DDD.TXT 文件。

7. 搜索考生文件夹下的所有以 W 开头的文件，然后将其复制到考生文件夹下的 WRITE 文件夹内。

8. 为考生文件夹下的 CHILD 文件夹中的 WORKER.BAT 文件建立名为 GO_WORKER 的快捷方式，并存放在考生文件夹下。

第 1 题：

启动 Windows 的"资源管理器"，常用方法有三：(1)直接双击桌面上的"计算机"图标；(2)右键单击"计算机"图标，然后从弹出的快捷菜单中选择"打开"命令；(3)按键盘快捷键 ⊞+E(⊞为键盘上的 Windows 键，一般位于左 Alt 键的左边)。

设置文件"查看方式"为"列表"，方法有二：(1)如图 2-2-7 所示，单击"查看→列表"即可；(2)单击工具栏右侧的 ⊞▼ 按钮中的下拉箭头 ▼，然后选择"查看"即可。

图 2-2-7　Windows 资源管理器的列表查看方式

设置左边的"导航窗格"：如果没有显示左边的"导航窗格"，请单击工具栏左侧的"组织"按钮，在弹出的下拉列表中选择"布局"命令，在出现的下级菜单中选择"导航窗格"命令（勾选时若勾选"菜单栏"命令，可显示菜单栏，方便操作）；单击工具栏左侧的"组织"按钮，在下拉列表中选择"文件夹和搜索选项"命令，弹出如图 2-2-8 所示对话框，在"常规"选项卡中，选择"显示所有文件夹"和"自动扩展到当前文件夹"复选框。

设置"查看"选项：在图 2-2-8 所示的"文件夹选项"对话框中，单击"查看"选项卡，如图2-2-9 所示。单击"应用到文件夹"按钮，并且在"高级设置"列表中，选择"显示隐藏的文件、文件夹和驱动器"单选框，清除勾选"隐藏已知文件类型的扩展名"复选框。

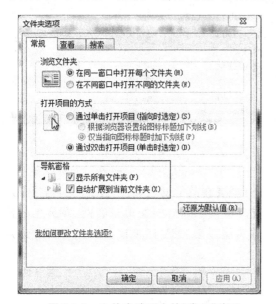

图 2-2-8　文件夹选项中的"常规"选项

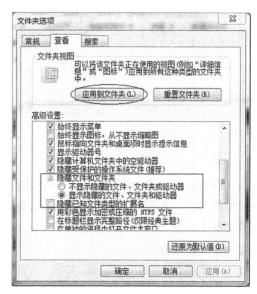

图 2-2-9　文件夹选项中的"查看"选项

第 2 题：

创建文件夹：先在资源管理器左边的"导航窗格"中选择要在其下创建子文件夹的文件夹，这里是选择"C："，然后单击工具栏上的"新建文件夹"按钮（或者在右边窗格中的空白处单击右键，在弹出的快捷菜单中选择"新建"→"文件夹"命令），最后输入文件夹名字"15000001"即可。

第 3 题：

创建文件夹：方法与第 2 题一样，先在左边的"导航窗格"中选择要在其下创建子文件夹的文件夹，这里是选择"C："下的"15000001"，然后单击工具栏上的"新建文件夹"按钮，最后输入文件夹名字。5 个文件夹要进行 5 次创建文件夹的操作。

设置属性：右键单击"HIDE"文件夹，然后在弹出的快捷菜单中选择"属性"命令，出现如图 2-2-10 所示的对话框，勾选"只读"和"隐藏"复选框，最后点"确定"按钮。

第 3 题做好后，效果如图 2-2-11 所示，注意"HIDE"文件夹虽然是隐藏文件夹，但也显示出来了，只是其图标显示得比较淡（表示隐藏）。

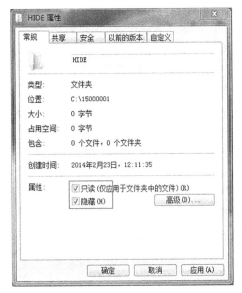

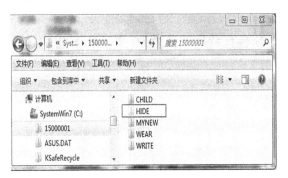

图 2-2-10　文件夹的属性　　　　　　　　图 2-2-11　隐藏文件

第 4 题：

创建新文本文档：先在左边的"导航窗格"中选择要在其下创建文件的文件夹，这里是选择"15000001"下的"MYNEW"文件夹，然后在右边窗格中的空白处单击右键，在弹出的快捷菜单中选择"新建"→"文本文档"命令，最后输入文件名"MYTEXT.TEXT"即可。创建另一个文件的操作方法一样。

设置属性：与第 3 题类似，如图 2-2-12 所示。

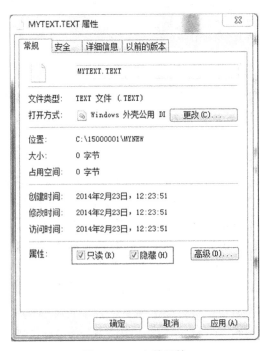

图 2-2-12　文件属性

第 5 题：

复制文件或文件夹：先选择要复制的文件或文件夹，这里是"WORK.WER"文件，然后按 Ctrl＋C 快捷键（或者在该文件的名字上单击右键，在弹出的快捷菜单中选择"复制"命令）；接着选择考生文件夹"15000001"，按 Ctrl＋V 快捷键（或者在考生文件夹的名字上单击右键，在弹出的快捷菜单中选择"粘贴"命令），这样就完成了"一份直接保存到考生文件夹下"的工作。接着选择"WEAR"文件夹，按 Ctrl＋V 快捷键，因"WEAR"文件夹已经有一个同名文件，故复制的文件自动命名为"WORK-副本.WER"，将其重命名为"WORK.W"，这样就完成"另一份就放在 WEAR 文件夹（相同文件夹）中，但文件名改为 WORK.W"。

重命名文件或文件夹：先选择要重命名的文件或文件夹，这里是"WORK-副本.WER"，然后按 F2 键，最后输入新的名字即可，这里是"WORK.W"。

第 6 题：

移动文件或文件夹：与复制文件或文件夹的操作类似，首先选择要移动的文件或文件夹，这里是"WEAR\WORK.W"文件，然后按 Ctrl＋X 快捷键（或者在该文件的名字上单击右键，在弹出的快捷菜单中选择"剪切"命令）；接着选择考生文件夹下的"CHILD"文件夹，按 Ctrl＋V 快捷键（或者在"CHILD"文件夹的名字上单击右键，在弹出的快捷菜单中选择"粘贴"命令），即可完成移动操作。

删除文件或文件夹：先选择要删除的文件或文件夹，这里是"MYNEW\DDD.TXT"，然后按 Del 键（或 Delete 键），最后单击按钮"是"即可（放入回收站中）。

第 7 题：

搜索文件或文件夹：先在左边的"导航窗格"中选择要在其下搜索文件的文件夹，这里选择"15000001"，然后在右上角的"搜索框"中输入要搜索的关键字，这里是"W＊"，如图 2-2-13 所示，找到 2 个文件夹和 3 个文件。

注意：题目只要求复制文件，因此只要将这 3 个文件复制到 WRITE 文件夹内，注意不包括文件夹；由于存在同名文件，故复制文件时会提示替换已存在的文件，选择替换，结果 WRITE 文件夹内只有 2 个文件。

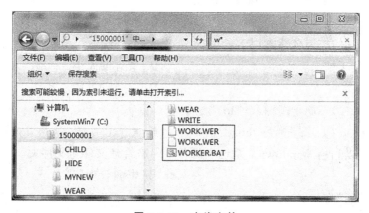

图 2-2-13　查找文件

搜索的关键字一般是要查找的文件或文件夹名字的全部或一部分，有时还会包含"?"和" * "这两个通配符，"?"代表任意 1 个字符，" * "代表任意多个字符。允许有多个关键字，只需用英文的逗号","隔开即可。比如：

要查找名称由 3 个字符组成，并且以 A 开头的文件和文件夹，关键字为：A??。

要查找名称中以"试卷"结尾的 Word 文档（扩展名为.doc 或.docx），关键字为： * 试卷.doc。

要查找 MP3 文件和 JPG 文件，关键字为： * .mp3 OR * .jpg（OR 要用大写字母且其前后各有 1 个空格）

第 8 题：

创建快捷方式：

方法一：先选择"CHILD\WORKER.BAT"文件，然后复制，接着在左边的"导航窗格"中选择存放快捷方式的文件夹，这里是选择"15000001"，然后在右边窗格的空白处单击右键，在弹出的快捷菜单中选择"粘贴快捷方式"命令，会生成名为"WORKER.BAT"的快捷方式（快捷方式的图标的左下角有箭头，如 WORKER.BAT ），最后将其改名为"GO_WORKER"即可。

方法二：在"CHILD\WORKER.BAT"文件名上右击，然后在弹出的快捷菜单中选择"创建快捷方式"命令，会在同一文件夹下生成名为"WORKER.BAT"的快捷方式，最后将其改名并移动到存放快捷方式的文件夹，这里是"15000001"考生文件夹。

理论练习

1. 在 Windows 7 系统中，以下（   ）是不正确的文件名。

A. abCD18. docx   B. <abCD>18?.exe

C. File18. txt   D. abCD_18. dat

2. 小华忘记了成绩文件的完整文件名，只记得文件主名的第二个字符是 s，那么他在电脑中搜索文件时，在搜索框中应该输入的是（   ）。

A. * s * . *   B. ? s * . *   C. * s?. *   D. ? s * .?

3. 一个文件的扩展名通常用于表示（   ）。

A. 文件的版本   B. 文件的大小

C. 文件的类型   D. 文件的路径

4. 以下（   ）不属于图像文件格式。

A. * .jpg   B. * .bmp   C. * .txt   D. * .gif

5. 用户可以利用 Windows 7 系统中的（   ）来管理文件与文件夹。

A. 库   B. 资源管理器

C. "开始"菜单   D. 选项 A 和 B

6. 以下（   ）方法不能启动资源管理器。

A. 按键盘快捷键 Win＋E

B. 单击"附件"下的"Windows 资源管理器"命令

C. 右击"开始"按钮,选择"Windows 资源管理器"命令

D. 右击桌面上 Excel 文件图标,选择"Windows 资源管理器"命令

7. 有关回收站的说法不合理的是(　　)。

A. 将对象拖入回收站表示逻辑删除

B. 也可以将网络上的文件拖入回收站

C. 回收站中的对象还可以还原

D. 移动磁盘上的被删除对象一般不放入回收站

8. 在"资源管理器"窗口中,当选定对象后,下列选项中不能删除对象的是(　　)。

A. 按键盘上的 Del 键

B. 选择"文件"菜单中的"删除"命令

C. 鼠标左键双击对象

D. 右击对象,在弹出的快捷菜单中选择"删除"命令

9. 在 Windows 7"资源管理器"窗口中,连续执行五次剪切(剪切文件 1 至文件 5),再执行一次粘贴操作,则(　　)。

A. 粘贴的是文件 1　　　　　　　　　B. 粘贴的是文件 5

C. 粘贴的是 5 个文件　　　　　　　　D. 没有粘贴任何文件

10. 将 U 盘中的文件拖到电脑的桌面上,可以实现对文件的(　　)。

A. 重命名　　　　B. 删除　　　　C. 复制　　　　D. 移动

11. 在 Windows 7 系统中,剪贴板是(　　)。

A. 回收站的一部分　　　　　　　　　B. 硬盘的一部分

C. 软盘的一部分　　　　　　　　　　D. 内存的一部分

12. 资源管理器采用(　　)形式管理文件与文件夹。

A. 超链接　　　　　　　　　　　　　B. 表格

C. 数据库　　　　　　　　　　　　　D. 树型目录结构

13. 在 Windows 7 的回收站中,可以恢复(　　)。

A. 从硬盘中删除的文件或文件夹

B. 从移动磁盘中删除的文件或文件夹

C. 剪切掉的文档

D. 从网络中删除的文件或文件夹

14. 若将文件直接删除而不放入回收站,可以按键盘上的(　　)。

A. Delete　　　　B. Backspace　　　　C. Ctrl+X　　　　D. Shift+Delete

15. 在资源管理器中,选择几个连续的文件的方法是:先单击第一个,按住(　　)键,再单击最后一个。

A. Ctrl　　　　B. Shift　　　　C. Alt　　　　D. Tab

16. 在 Windows 7 系统中,对选定的文件进行改名,以下方法中不正确的是(　　)。

A. 按键盘上的 F2 键,输入新的文件名

B. 单击"查看"菜单下的"重命名"命令

C. 单击"文件"菜单下的"重命名"命令

D. 右击该文件,在弹出的快捷菜单上选择"重命名"命令

17. 在 Windows 7 系统中,有关剪贴板的说法不正确的是(　　)。

A. 剪贴板中的内容只能粘贴一次

B. 重启计算机后剪贴板中的内容将丢失

C. 执行多次的复制,每次复制的内容都会保留在剪贴板中

D. 执行剪切操作时,被剪切的对象将被移动到剪贴板中

18. 在 Windows 7 系统中,"粘贴"的快捷键是(　　)。

A. Ctrl+Z　　　　　　B. Ctrl+X　　　　　　C. Ctrl+V　　　　　　D. Ctrl+C

19. 在 Windows 资源管理器中,欲将 C 盘下的一个文件复制到 E 盘,以下方法中不正确的是(　　)。

A. 直接将文件从 C 盘拖到 E 盘

B. 按住 Ctrl 键将文件从 C 盘拖到 E 盘

C. 使用快捷键 Ctrl+C 和 Ctrl+V

D. 按住 Shift 键将文件从 C 盘拖到 E 盘

20. 以下有关"库"的说法中不正确的是(　　)。

A. 用户不能往库中添加文件

B. 使用库组织文件便于快速访问文件

C. 删除库对其包含的文件夹或文件没有影响

D. 库可以管理来自不同位置的文件,而不必考虑它们的实际位置

实训练习

一、按以下的操作步骤要求进行操作。

1. 在 D 盘创建一个名为"Winks"的文件夹,在该文件夹下分别建立"TestA""TestB"两个子文件夹。

2. 在"TestA"文件夹下创建"Test01""Test02"子文件夹,并将"Test01""Test02"复制到"TestB"文件夹中。

3. 在"TestB"文件夹下创建"T1. txt""T2. docx"两个文件,并将"T1. txt"设置为"只读"属性。

4. 将文件"T2. docx"移到"TestA"文件夹,并改名为"TB.docx"。

5. 删除"TestB"文件夹下的"Test02"文件夹。

6. 为文件"T1. txt"创建快捷方式,快捷方式名称为"Text",并将快捷方式移到"TestA"文件夹中。

二、按以下的操作步骤要求进行操作。

1. 文件夹的创建

请在"D:"下新建以下文件夹和文件。

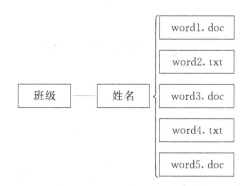

2. 重命名文件和文件夹

(1)用单击两下的方法把"班级"这个文件夹改成"文件操作练习"。

(2)用右键→"重命名"的方法把以自己名字命名的文件夹改为"排版"。

(3)在"文件操作练习"下再新建一个文件夹,用"文件"→"重命名"的方法改为"打字"。

3. 复制、移动文件及文件夹

(1)用右键→"复制"→"粘贴"的方法把"排版"拷到桌面上。

(2)用右键→"剪切"→"粘贴"把"文件操作练习"移到桌面上。

(3)用拖动的方法把"打字"文件移动到桌面上。

(4)把 word1、word3、word5 复制到桌面上(选中时按住 Ctrl)。

(5)把 word1、word2、word3 复制到"打字"文件夹下(选中时按住 Shift)。

(6)用鼠标在文件的外围单击并拖动选中所有文件(word1 至 word5)。

(7)用 Ctrl＋A 的方法选定所有的文件。

(8)用"编辑"菜单中的"反向选定"选中除了 word3 之外的所有文件。

4. 查找文件和文件夹

(1)在"打字"文件夹下建 5 个文本文件 wword1、woord2、wwwrd3、wworrd4、wordd5。

(2)将打字文件夹中的文件自动排列。

(3)查找以 wordd5 命名的这个文件。

(4)查找以 w＊d＊ 命名的文件。

(5)查找以 w?? rd? 命名的文件并比较查找到的结果。

5. 文件夹删除

(1)用按 Del 键的方法删除 word1。

(2)用右击法删除 word2。

(3)用文件菜单删除 word3。

(4)用直接拖放的方式删除 word4。

(5)还原 word1、word2、word3。

(6)把"打字"这个文件夹设置成"隐藏"。

2.3　管理计算机

考试要求

(1)了解控制面板的功能；
(2)掌握使用控制面板配置系统(系统日期和时间、桌面背景等)的方法；
(3)掌握使用操作系统中自带的常用程序(记事本、画图)的方法；
(4)理解安装和使用打印机的方法；
(5)掌握为计算机设置多用户账号的方法。

知识讲解

2.3.1　控制面板的使用

1. 控制面板的主要功能

控制面板是 Windows 7 中重要的系统工具，可通过"开始"菜单→"控制面板"窗口访问，窗口的查看方式有"类别""大图标"或"小图标"，当前的查看方式为"类别"，如图 2-3-1 所示。

图 2-3-1　"控制面板"窗口及查看方式

它的主要功能是允许用户查看并操作基本的系统设置和控制，比如添加硬件、添加/删除软件、控制用户账户、更改辅助功能选项等，如表 2-3-1 所示。

表 2-3-1　控制面板主要功能

管理类型	管理项目	主要功能
系统与安全	系统	查看和设置硬件设备属性等
	备份和还原	备份和还原数据及系统等
	管理工具	磁盘管理及系统服务管理等
	Windows 防火墙	开启和关闭 Windows 防火墙等
网络和 Internet	网络和共享中心	查看、添加、设置网络和共享文件等
	家庭组	选择家庭组和共享选项
	Internet 选项	Internet 连接及属性设置等
硬件和声音	设备和打印机	添加和删除打印机及其他硬件设备
	声音	管理和设置声音设备
程序	程序和功能	用于卸载和更改程序
用户账户和家庭安全	用户账户	创建、更改用户账户和密码
	家长控制	设置家长控制
外观和个性化	个性化	更改桌面的主题、背景和屏幕保护程序
	桌面小工具	添加桌面小工具
	显示	设置显示器,调整分辨率,设置桌面个性化等
	任务栏和「开始」菜单	自定义任务栏和"开始"菜单等
时钟、语言和区域	区域和语言	设置使用的语言,添加输入法,设置日期、时间显示格式等
	日期和时间	设置日期和时间等

2. 设置系统日期和时间

默认情况下,将鼠标指针移到通知区域的时间或日期上,会自动弹出一个浮动窗口,显示当前系统的日期和星期,如果时间有误差,就需要重新调整。单击桌面右下角"日期和时间"→选择"更改日期和时间设置"→在弹出的"日期和时间"对话框单击"更改日期和时间"命令,如图 2-3-2 所示。

图 2-3-2　日期和时间的设置

3. 设置桌面背景

桌面背景是指应用于桌面的图像和颜色,它处于桌面的最底层,没有实质性的作用,主要用于装饰桌面。可在"控制面板"窗口中单击"外观和个性化"→"更改桌面背景"选项;或者右击桌面空白处,在弹出的快捷菜单上单击"个性化"→"桌面背景",如图 2-3-3 所示。

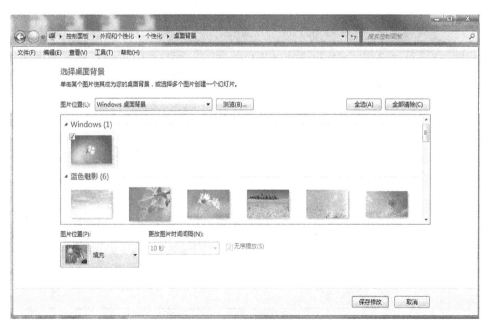

图 2-3-3　桌面背景的设置

2.3.2　使用 Windows 7 自带的常用程序

Windows 7 自带的程序大部分集中在"附件"中,除了记事本和画图工具外,还有计算器、便笺及截图工具等。

1."记事本"程序

记事本是一个基本的文本编辑程序,最常用于查看或编辑文本文件。文本文件是由 .txt文件扩展名标识的文件类型,只包含键盘输入的文本,而不包含各种控制符号、图像、艺术字、表格等。单击"开始"按钮→"所有程序"→"附件"→"记事本"命令,启动"记事本",如图 2-3-4 所示。

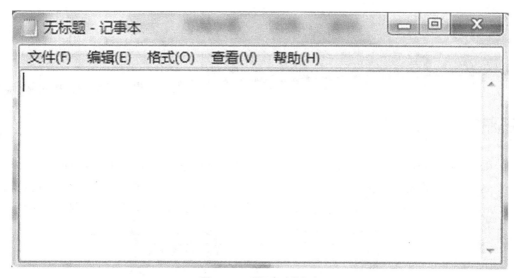

图 2-3-4　"记事本"程序

2."画图"程序

利用 Windows 7 自带的"画图"软件可以绘制、编辑图片,为图片着色,将文件和设计图案添加到其他图片中,对图片进行简单的编辑等。单击"开始"按钮→"所有程序"→"附件"→"画图"命令,启动"画图"程序,如图 2-3-5 所示。

(1)捕获屏幕:以图片形式保存屏幕信息,利用 Windows 剪贴板,可以在"画图"程序中编辑并保存。

(2)剪贴板是 Windows 在内存中开辟的一块临时存放信息的存储空间,以存储文字、图形、图像、声音等交换信息。

(3)捕获窗口:按 Alt+Print Screen 或 Print Screen,将当前活动窗口或整个屏幕复制到剪贴板上→打开"画图"程序→在"主页"选项卡的"剪贴板"组中,单击"粘贴"命令。

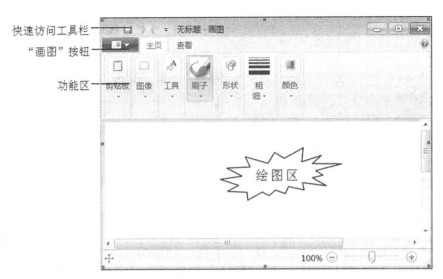

快速访问工具栏
"画图"按钮
功能区

图 2-3-5　"画图"程序

2.3.3　管理打印机

打印机是最常用的办公自动化设备。如何给计算机添加本地或网络打印机呢？

（1）首先点击屏幕左下角 Windows"开始"按钮，选择"设备和打印机"进入设置页面，如图 2-3-6 所示。注：也可以通过"控制面板"中"硬件和声音"中的"设备和打印机"进入。

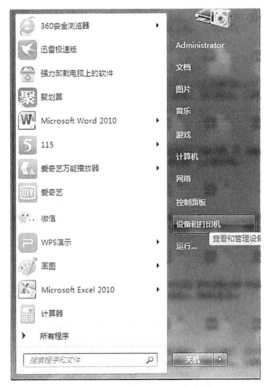

图 2-3-6　"设备和打印机"命令

(2)在"设备和打印机"页面,选择"添加打印机",此页面可以添加本地打印机或网络打印机,如图 2-3-7 所示。

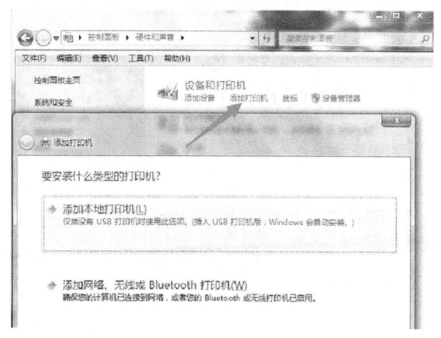

图 2-3-7 添加打印机

(3)选择"添加本地打印机"后,会进入选择打印机端口类型界面,选择本地打印机端口类型后点击"下一步",如图 2-3-8 所示。

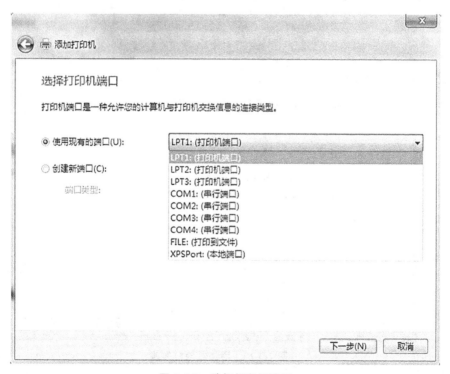

图 2-3-8 选择打印机端口

（4）此页面需要选择打印机的厂商和打印机类型进行驱动加载，例如"HP LaserJet Professional P1102"，选择完成后点击"下一步"。注：如果 Windows 7 系统在列表中没有打印机的类型，可以点击"从磁盘安装"添加打印机驱动。如图 2-3-9 所示。

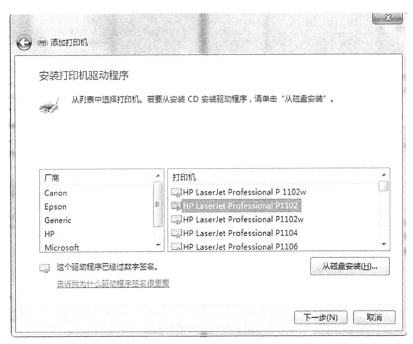

图 2-3-9　选择打印机型号

（5）接着输入打印机名称，将打印机设置为共享打印机，如图 2-3-10 所示。

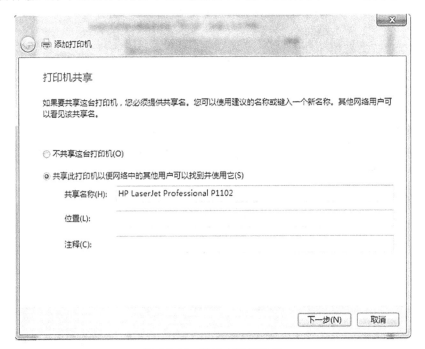

图 2-3-10　添加本地打印机

(6)点击"下一步",添加打印机完成,"设备和打印机"处会显示所添加的打印机,如图 2-3-11 所示。

图 2-3-11　完成本地打印机添加

注:若想添加网络打印机,可在如图 2-3-7 所示的对话框中选择"添加网络、无线或 Bluetooth 打印机"选项,在弹出的列表框中选择需要的打印机,再单击"下一步"按钮即可,如图 2-3-12 所示。

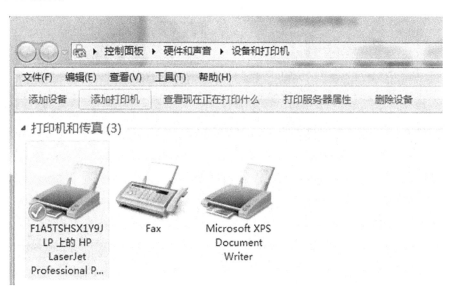

图 2-3-12　完成网络打印机添加

2.3.4　管理多用户账号

如果一台计算机被多个用户使用,则需要为每个用户建立相应的账户和密码,分配不同级别的权限,保证不同用户之间互不干扰,计算机能够安全地使用。Windows 7 操作系统中的账户依据权限可分为三种类型:管理员账户、标准账户和来宾账户。单击"控制面板"窗口中的"用户账户"图标或链接,会弹出如图 2-3-13 所示的"用户账户"管理窗口,主要包括更改密码、删除密码、更改图片、管理其他账户、更改用户账户控制设置等功能。

图 2-3-13　"用户账户"管理窗口

　　在 Windows 7 操作系统中添加一个用户名为"Steven",密码为"jsj123"的标准账户,如图 2-3-14 和图 2-3-15 所示。

图 2-3-14　创建标准账户

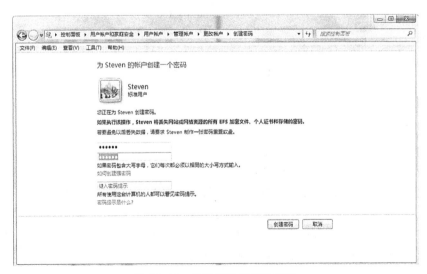

图 2-3-15　创建标准账户和密码

实践训练

按以下的操作步骤要求进行操作。

1. 自定义自己喜欢的图片当桌面背景。

☞可以使用鼠标右击桌面→在快捷菜单中选择"个性化"→单击"桌面背景"→在"桌面背景"窗口中的图片位置,点击"浏览",弹出一个窗口,找到自己定义好(喜欢)的图片→点击"确定",就可以把自己喜欢的图片设置成电脑桌面背景了。

2. 将控制面板的"查看方式"设置为"大图标"方式。

☞可以使用鼠标单击"开始"菜单→选择"控制面板"命令→在弹出的"控制面板"窗口中将查看方式选择为"大图标"即可。

3. 启动"记事本",并将"记事本"窗口截图;启动"画图",用"画图"将"记事本"窗口截图以 JPEG 图片格式保存,命名为"记事本窗口.jpg";最后关闭"记事本"和"画图"程序。

☞启动"记事本"和"画图":单击"开始"→"所有程序"→"附件"→"记事本"命令可启动记事本程序,单击"开始"→"所有程序"→"附件"→"画图"命令可启动画图程序。

截图方法:直接按 Print Screen 键为整个屏幕截图,按 Alt＋Print Screen 键为当前窗口截图。截图结果自动保存在"剪贴板"中,可以在"画图"等程序中按 Ctrl＋V 粘贴出来。

保存图片:截图后,启动画图程序,然后按 Ctrl＋V 快捷键将截图粘贴出来,最后按 Ctrl＋S 快捷键进行保存,在弹出的"保存为"对话框中,先选择好保存位置,再选择"保存类型"为"JPEG(＊.jpg;＊.jpeg;＊.jpe;＊.jfif)",然后在"文件名"框中输入"记事本窗口",单击"保存"按钮即可。

4. 在控制面板中创建新用户,并设置密码。

☞单击"开始"→"控制面板"→"用户账户和家庭安全"→"用户账户"→单击"添加或删除用户账户"→在弹出的窗口中单击"创建一个新账户"→在对话框中为新账户建立名称,单击"下一步"按钮→在该对话框中选择"管理员"或"标准用户"→设置完成后单击"创建账户"按钮退出设置界面。

5. 利用"设备和打印机"查看连接到本地计算机的设备有哪些,并为本地计算机安装一台网络打印机。

☞单击"开始"→"设备和打印机"→在弹出的"设备和打印机"窗口中查看有哪些设备连接到本地计算机。

单击"开始"→"设备和打印机"→单击"添加打印机"→在弹出的窗口中单击"添加网络、无线或 Bluetooth 打印机"→在弹出的列表框中选择需要的打印机,单击"下一步"按钮即可。

理论练习

1. 在 Windows 7 系统中,设置屏幕特性可通过(　　　)来进行。

A. 控制面板　　　　　　B. 附件　　　　　　　　C. 任务栏　　　　　　　　D. 资源管理器

2. 通过控制面板无法进行的操作是(　　　)。

A. 改变屏幕主题　　　　　　　　　B. 注销当前用户

C. 调整鼠标速度　　　　　　　　　D. 设置网络连接

3. 可以在控制面板中进行的操作是(　　　)。

A. 卸载应用程序　　　　　　　　　B. 添加和删除打印机

C. 备份和还原数据　　　　　　　　D. 以上均可以

4. 要更改系统时间,可在控制面板中单击(　　　)。

A. 外观和个性化　　　　　　　　　B. 硬件和声音

C. 程序和功能　　　　　　　　　　D. 时钟、语言和区域

5. 要更改桌面背景颜色,可在控制面板中单击(　　　)。

A. 网络和共享中心　　　　　　　　B. 设备和打印机

C. 任务栏和"开始"菜单　　　　　　D. 外观和个性化

6. 多用户使用一台计算机的情况经常出现,这时可设置(　　　)。

A. 多个系统　　　　　　　　　　　B. 共享用户

C. 多个用户账户　　　　　　　　　D. 多个邮件账户

7. 下列关于添加打印机的说法中,不正确的是(　　　)。

A. 可以添加网络中的打印机

B. 可以设置多台打印机为默认打印机

C. 在 Windows 7 系统中可以安装多台打印机

D. 如果打印机图标旁有了复选标记,则已将该打印机设置为默认打印机

8. 在 Windows 7 系统中,以(　　　)账户登录系统,才拥有最大的使用权限。

A. 来宾　　　　　　　　　　　　　B. 标准

C. 游客　　　　　　　　　　　　　D. 管理员

9. 在 Windows 7 系统中,要建立、编辑文本文档,可以利用"附件"下系统自带的(　　　)。

A. 资源管理器　　　　　　　　　　B. 记事本

C. 画图程序　　　　　　　　　　　D. 截屏工具

10. 以下关于用户账户的描述,不正确的是(　　　)。

A. 要使用运行 Windows 的计算机,用户必须有自己的账户

B. 以任何成员的身份登录到计算机,都可以创建新的用户账户

C. 使用控制面板中的"用户和密码"可以创建新的用户

D. 当将用户添加到某组后,可将指派给该组的所有权限授予这个用户

实训练习

1. 查看自己正在使用的计算机有几个用户,各是什么用户类型;为自己的当前账户重新设置一个密码和显示图片;新建一个标准用户账户。

2. 安装本地打印机并设置为共享。

2.4　系统维护与常用工具软件使用

考试要求

(1)掌握磁盘维护的方法；

(2)掌握病毒防范软件和压缩工具软件的用法；

(3)了解数据备份的重要性,掌握数据备份还原的方法。

知识讲解

2.4.1　系统维护

1. 磁盘维护

Windows 7 操作系统自带了三个维护工具,即"磁盘查错""磁盘清理"和"磁盘碎片整理"程序。

(1)磁盘查错

作为系统维护人员,应该不定期地使用系统工具来检查文件系统错误和硬盘上的坏扇区,防止文件丢失。右击 C 盘盘符,在快捷菜单中单击"属性"命令,可以查看磁盘属性,检查磁盘错误,如图 2-4-1 所示。

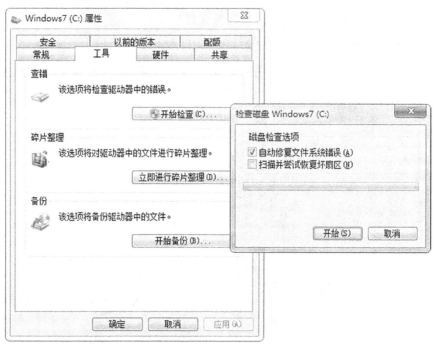

图 2-4-1　磁盘查错

（2）磁盘清理

右击 C 盘盘符，在快捷菜单中单击"属性"命令，单击"磁盘清理"，可以帮助清理系统中不必要的文件，释放硬盘空间。清理工作包括删除 Office 临时文件、删除下载的 Internet 临时文件、清空回收站等。如图 2-4-2 所示。

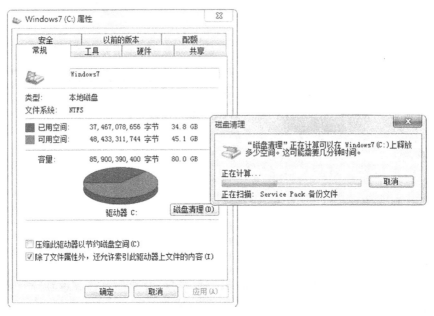

图 2-4-2　磁盘清理

（3）磁盘碎片整理

如果用户频繁地安装、删除文件，很容易在硬盘上产生不连续的小碎片。这样，不但硬盘读写速度下降，还会浪费一部分存储空间。右击 C 盘盘符，在快捷菜单中单击"属性"命令，单击"磁盘碎片整理"程序可以重新安排计算机硬盘上的文件、程序以及未使用的空间，使得程序运行更快、文件打开更快，并节约磁盘空间，如图 2-4-3 所示。

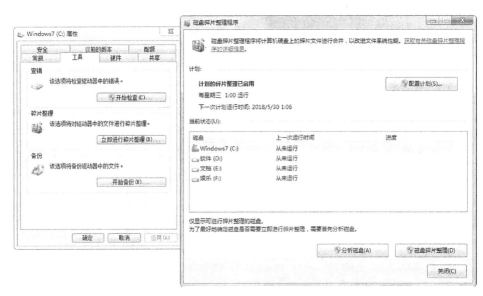

图 2-4-3　磁盘碎片整理

2. 备份与还原数据

系统在使用过程中,不可避免地会出现设置故障或文件丢失,为防范这种情况,我们需要对重要的设置或文件进行备份,在遇到设置故障或文件丢失时,就可以通过这些备份文件进行恢复。

(1)备份数据

单击"控制面板"→"系统和安全"→"备份和还原",进入"备份和还原"设置界面,操作步骤如图 2-4-4 至图 2-4-8 所示。

图 2-4-4　备份和还原窗口

图 2-4-5　选择备份位置

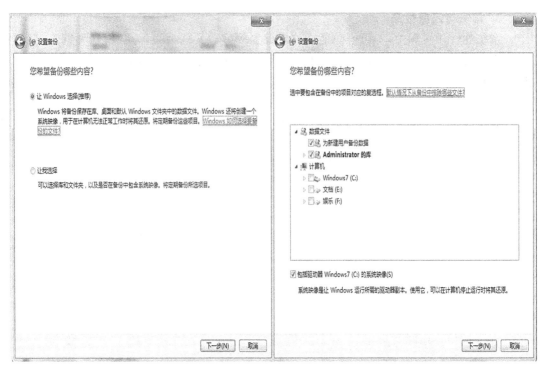

图 2-4-6　选择备份内容

图 2-4-7　查看备份信息

图 2-4-8　开始备份

（2）还原数据

如果已备份的文件出现问题，可以利用 Windows 7 的还原功能还原数据，进入"备份和还原"窗口，单击"还原我的文件"命令，然后根据向导提示还原到备份时的状态，如图 2-4-9 所示。

图 2-4-9　备份和还原窗口

2.4.2　常用工具软件使用

1. 使用杀毒软件

（1）了解计算机病毒的概念

计算机病毒，是指编制或者在计算机程序中插入的破坏计算机功能或者毁坏数据，影响计算机使用，并能自我复制的一组计算机指令或者程序代码。

（2）计算机中毒的症状

计算机中毒后一般具有一定的症状，如运行迟钝，数据无故丢失，异常的错误信息出现，经常报告内存不够，磁盘可利用的空间突然减少，可执行程序的大小被改变，出现来路不明的文件，文件的相关内容被修改，经常死机，系统无法启动，文件打不开，黑屏，键盘和鼠标无端锁死，系统自动执行操作，自动打开多个网站等，这表明计算机可能有安全问题了。

（3）计算机病毒的特征

计算机病毒具有破坏性、传染性、潜伏性、隐蔽性和不可预见性等特征。

（4）计算机病毒的预防

要有效避免计算机病毒危害，我们应加强安全防范意识，可以通过谨慎对待来历不明的软件、电子邮件，对可移动的存储设备，使用前最好使用杀毒软件进行检查，重要数据和文件定期做好备份，安装杀毒软件并及时更新和定期杀毒等措施来预防。

（5）安装和使用杀毒软件

首先到 360 官网免费下载 360 杀毒安装文件，下载完成后，双击该安装文件名，开始安装，并根据向导提示完成安装，如图 2-4-10 所示，可以点击"快速扫描"或"全盘扫描"开始查杀病毒。

图 2-4-10　360 杀毒软件

2. 使用压缩工具软件

使用压缩与解压缩软件(简称压缩软件)的目的是使文件变得更小,从而提高网络传输的效率。常见的压缩工具软件有 WinRAR、WinZip、360 压缩、快压、7-Zip 等。这里以常用的压缩软件 WinRAR 为例,介绍文件的压缩和解压。

WinRAR 软件安装完成后,执行"开始"→"程序"→"WinRAR"→"WinRAR"命令,即可启动 WinRAR 程序,如图 2-4-11 所示。

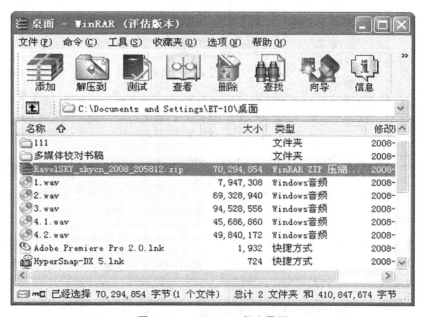

图 2-4-11　WinRAR 程序界面

(1)压缩文件

当计算机中安装了 WinRAR 软件后,右键快捷菜单中会显示"添加到压缩文件"和"压缩并 E-mail"等选项。压缩文件的步骤如下:

①选择要压缩的文件或文件夹然后右击,在弹出的快捷菜单中选择"添加到压缩文件"命令,如图 2-4-12 所示。

②在打开的如图 2-4-13 所示的"压缩文件名和参数"对话框中可以设置压缩文件名,选择压缩文件格式、压缩方式和分卷大小等。压缩格式可以选择为 RAR 格式或 ZIP 格式;压缩方式可以选择"标准"或"最快""最好"。

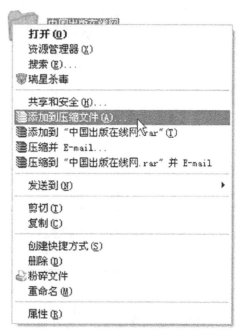

图 2-4-12　选择"添加到压缩文件"命令

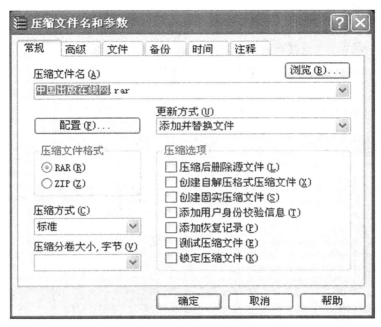

图 2-4-13 "压缩文件名和参数"对话框

③设置完成后单击"确定"按钮,开始压缩文件,如图 2-4-14 所示。如果压缩时间较长,而又不急于完成,可以单击"后台"按钮,使压缩过程改为后台压缩,压缩完成后的压缩包与被压缩文件处在同一目录下。

图 2-4-14 正在压缩

(2)解压文件

解压文件的步骤如下:

①双击打开压缩包,例如"中国出版在线网.rar",如图 2-4-15 所示。

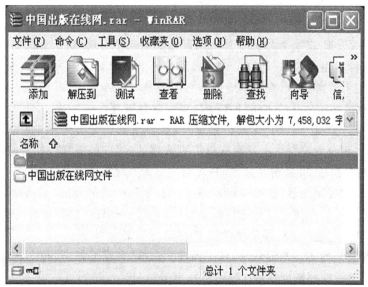

图 2-4-15　打开压缩包

②单击工具栏中的"解压到"按钮,弹出如图 2-4-16 所示的对话框。或者右击压缩文件,选择"解压文件"命令,也可打开该对话框。设置目标路径、更新方式、覆盖方式等选项,最后单击"确定"即可。

图 2-4-16　解压选项

除了以上基本的操作,WinRAR 还有许多高级技能,如分卷压缩、设置密码、生成自解压格式包等。

实践训练

按以下的操作步骤要求进行操作。

1. 利用"磁盘管理"查看本地计算机的硬盘共有几个分区,每个分区的大小是多少。

☞可以鼠标右击桌面的"计算机"图标,从弹出的快捷菜单中选择"管理"命令,在弹出的窗口中选择"磁盘管理"即可查看本地计算机的磁盘信息。

2. 利用磁盘维护工具给本地计算机 C 盘做磁盘清理。

☞可以在"计算机"窗口中右击 C 盘盘符,在弹出的快捷菜单中选择"属性",在"属性"对话框中单击"磁盘清理"命令,然后选择需要清理的项目,单击"确定"按钮即可。

3. 利用系统自带的"备份和还原"程序对本计算机系统进行备份。

☞可以打开"控制面板"窗口,单击"系统和安全"→"备份和还原"命令→"设置备份"按钮→选择备份文件的存储位置→选择需要备份的文件→单击"立即备份"按钮,开始备份。

4. 利用 360 杀毒软件对移动硬盘或 U 盘进行扫描杀毒。

☞启动安装好的 360 杀毒软件,在主界面上选择"自定义扫描"命令,在弹出的对话框中选择需要扫描杀毒的移动硬盘或 U 盘,然后单击"扫描"按钮即可。

5. 安装、使用和卸载 360 压缩软件。

安装 360 压缩软件:进入 360 官网下载 360 免费压缩软件,双击安装文件 Setup.exe、Install.exe 或者 360zip_setup_3.0.0.2015.exe,根据安装向导即可完成安装。

使用 360 压缩软件:选中要压缩的文件或文件夹,右击弹出快捷菜单,单击"添加到压缩文件"即可完成文件压缩;右击压缩文件,在快捷菜单中选择"解压到"命令即可完成解压文件。

卸载 360 压缩软件:打开"控制面板",单击"卸载程序",进入"卸载或更改程序"窗口,选择"360 压缩软件",单击即可完成卸载。

理论练习

1. 利用 Windows 7 系统自带的"附件/系统工具"下的(　　　)可以合并磁盘碎片,提高文件读写的连贯性。

A. 磁盘清理程序　　　　　　　　　　B. 磁盘格式化程序

C. 灾难恢复程序　　　　　　　　　　D. 磁盘碎片整理程序

2. 为了节省存储空间和减少文件传送时间,经常要对文件进行压缩和解压,可以使用(　　　)软件。

A. WinRAR　　　　B. 360 压缩　　　　C. WinZip　　　　D. 以上都可以

3. 计算机感染病毒导致计算机死机,这主要体现了计算机病毒的(　　　)。

A. 隐蔽性　　　　B. 破坏性　　　　C. 传染性　　　　D. 潜伏性

4. 当发现计算机系统受到计算机病毒侵害时,应采取的合理措施是(　　　)。

A. 立即对计算机进行病毒检测、查杀

B. 立即断开网络,以后不再上网

C. 重新启动计算机,重装操作系统

D. 立即删除可能感染病毒的所有文件

5. 下列预防计算机病毒的措施中,合适的有(　　　)。

①对重要的数据定期进行备份　　　　　　②安装并及时升级防病毒软件

③禁止从网络下载任何文件　　　　　　　④不安装来历不明的软件

A. ①②③　　　　　　　B. ①②④　　　　　　C. ①③④　　　　　　D. ②③④

6. 计算机病毒的主要传播途径有(　　　)。

①网络　　　　　　　②显卡　　　　　　　③键盘　　　　　　　④U 盘

A. ①②　　　　　　　　B. ①④　　　　　　　C. ②③　　　　　　　D. ③④

7. 下列现象可能是由计算机病毒引起的是(　　　)。

A. 键盘指示灯不亮　　　　　　　　　　B. 光驱无法弹出光盘

C. 鼠标指针移动不灵活　　　　　　　　D. 计算机运行迟缓

8. 下列可能导致计算机感染病毒的行为是(　　　)。

A. 编写程序　　　　B. 连接移动硬盘　　　C. 进行系统备份　　　D. 插拔鼠标

9. 下列全属于常用杀毒软件的是(　　　)。

A. 金山毒霸、网络蚂蚁　　　　　　　　B. 瑞星、卡巴斯基

C. 迅雷、360 杀毒　　　　　　　　　　D. 江民 KV、暴风影音

实训练习

1. 按以下的操作步骤要求进行操作。

(1)在"D:\"下创建"学业水平"和"考试成绩"两个文件夹,在"学业水平"文件夹中创建"学业水平.docx"和"考试成绩.xlsx"两个文件。

(2)将"学业水平.docx"和"考试成绩.xlsx"两个文件进行压缩,压缩后文件名为"学业成绩.rar",保存在"D:\考试成绩"文件夹下。

(3)将"学业水平"文件夹进行压缩,压缩后文件名为"学业水平.zip",保存位置为"D:\学业水平"。

(4)对"学业成绩.rar"进行解压,解压到目标位置"D:\考试成绩"。

2. 按以下的操作步骤要求进行操作。

(1)安装 360 安全卫士,了解其功能。

(2)安装金山毒霸,比较其与 360 安全卫士有何区别,使用后卸载其中一种杀毒软件。

(3)安装 360 压缩软件,尝试压缩重要文件,并进行加密处理。

第3章　因特网(Internet)的应用

本章要点

1. 因特网的基本概念和功能；
2. 连接 Internet；
3. 获取网络信息；
4. 收发电子邮件；
5. 使用网络服务。

3.1　因特网的基本概念和功能

考试要求

(1) 了解因特网的基本概念及提供的服务；
(2) 了解 TCP/IP 协议在网络中的作用。

知识讲解

3.1.1　计算机网络基本知识

1. 计算机网络概念

计算机网络是指将地理位置不同的具有独立功能的多台计算机及其外部设备，通过通信线路连接起来，在网络操作系统、网络管理软件及网络通信协议的管理和协调下，实现以资源共享和数据通信为目的的计算机系统。计算机网络是计算机技术与通信技术相结合的产物。

2. 计算机网络分类

网络分类的方法多种多样，按照地理范围可以分为局域网(local area network，LAN)、城域网(metropolitan area network，MAN)、广域网(wide area network，WAN)三种。

局域网覆盖范围一般是在几百米到几千米，具有较高的传输速率，是最常见、应用最广的一种网络,如网吧、学校机房的网络。

城域网距离在几公里到几十公里,介于广域网和局域网之间,如企业园区网。

广域网距离在几百至几千公里,因特网属于最大的广域网。

3. 计算机网络的功能

计算机网络的三大主要功能是信息交换、资源共享、分布式处理。信息交换是最基本的功能,资源共享是其本质功能,包括软件、硬件和数据资源共享。

3.1.2　因特网及因特网提供的服务

1. 因特网的概念

Internet 中文称为因特网,也可称为国际互联网,是以相互交流信息资源为目的,基于一些共同的通信协议,通过许多路由器和公共互联网互连而成的一个逻辑网,是全球信息资源共享的集合。Internet 连接了全球范围内不计其数的网络与计算机,是一个高度开放的网络系统,也是世界上最大的计算机广域网。

Internet 产生于 20 世纪 60 年代末,起源于美国国防部高级研究计划局建立的阿帕网(ARPANET),也就是 Internet 的前身,最先用于军事研究目的。到了 20 世纪 90 年代,计算机的普及、"信息高速公路"的提出和 Internet 商业化服务商的出现使 Internet 迅速得到商业化推广和应用,经过若干年的发展形成了目前连接全球遍及各应用领域的超大规模网络。

2. 因特网服务

如今,因特网的应用已遍布到各个领域,如科研、军事、天文、气象、金融以及教育、医疗等。提供的基本服务有以下几种:

(1)信息检索与浏览。万维网(WWW),即环球信息网,使用超媒体技术集成和管理网络信息,便于用户浏览和检索信息。万维网是因特网中使用最广泛的服务。

(2)电子邮件服务(E-mail)。这是因特网提供的免费的信息交换通信方式。

(3)文件传输服务(FTP)。是因特网中最早的服务功能之一,提供文件的上传与下载服务,一些免费软件、共享软件、技术资料等大多数是通过这种渠道发布的。

(4)数据通信。因特网提供的数据通信和交流方式有很多,如 IP 电话、ICQ、腾讯 QQ、微信、飞信、MSN、BBS 等。

(5)其他服务。网络新闻组、远程登录(Telnet)、电子商务、远程教育、远程医疗等。

3.1.3　TCP/IP 协议

TCP/IP(Transmission Control Protocol/Internet Protocol)是一种网络通信协议。数据在网络中传输必须遵守一定规则和约定,这些规则和约定称为协议。Internet 使用的核心协议是 TCP/IP 协议,它是针对因特网开发的一种协议标准,其目的在于解决各种计算机之间的网络通信问题,为用户提供一种通用的、一致的通信服务。其中,TCP 协议称为传输控制协议,它的主要工作是对网络数据包进行管理和核查,确保数据包能正确地发送与接收;IP 协议称为网际协议,它的主要工作是把数据包从一个地方传递到另一个地方。

理论练习

1. 计算机网络最突出的特征是（　　　）。

A. 运算速度快 　　　 B. 运算精度高 　　　 C. 存储容量大 　　　 D. 资源共享

2. 以下不属于 Internet 提供的服务的是（　　　）。

A. E-mail 　　　 B. FTP 　　　 C. MS-DOS 　　　 D. WWW

3. Internet 采用的主协议是（　　　）。

A. POP3 　　　 B. TCP/IP 　　　 C. IPX/SPX 　　　 D. HTTP

4. Internet 属于（　　　）。

A. 校园网 　　　 B. 局域网 　　　 C. 广域网 　　　 D. 专用网

5. Internet 由以下（　　　）网络发展得到。

A. ISDN 　　　 B. ATM 　　　 C. X.25 　　　 D. ARPANET

6. 网络中通信双方共同遵守的规则和约定称为（　　　）。

A. 密码 　　　 B. 验证码 　　　 C. 网络模型 　　　 D. 协议

7. 以下选项中代表文件传输协议的是（　　　）。

A. HTTP 　　　 B. HMTL 　　　 C. FTP 　　　 D. E-mail

8. 目前在全世界信息交流中应用最广泛的网络是（　　　）。

A. Novell 　　　 B. Internet 　　　 C. ARPANET 　　　 D. Intranet

9. 在 Internet 中能够提供任意两台计算机之间传输文件的协议是（　　　）。

A. FTP 　　　 B. WWW 　　　 C. Telnet 　　　 D. SMTP

10. HTTP 是（　　　）。

A. 统一资源定位器 　　　　　　　　　 B. 远程登录协议

C. 文件传输协议 　　　　　　　　　　 D. 超文本传输协议

11. TCP/IP 协议是一种开放的协议标准，下列（　　　）不是它的特点。

A. 独立于特定计算机硬件和操作系统 　　 B. 统一编址方案

C. 政府标准 　　　　　　　　　　　　 D. 标准化的高层协议

12. 下列（　　　）不是网络操作系统提供的服务。

A. 文件服务 　　　 B. 打印服务 　　　 C. 通信服务 　　　 D. 办公自动化服务

13. 以下关于计算机网络叙述正确的是（　　　）。

A. 受地理约束

B. 不能实现资源共享

C. 不能进行远程信息访问

D. 不受地理约束，实现资源共享，远程信息访问

14. 计算机网络中可以共享的资源包括（　　　）。

A. 硬件、软件、数据 　　　　　　　　 B. 主机、外设、软件

C. 硬件、程序、数据 　　　　　　　　 D. 主机、程序、数据

15. 互联网计算机在相互通信时必须遵循统一的（　　　）。

A. 硬件标准 　　　 B. 网络协议 　　　 C. 路由算法 　　　 D. 拓扑结构

16. 机房里面 50 台计算机要组建一个网络，这个计算机网络是（　　　）。

A. 广域网　　　　　　B. 局域网　　　　　　C. 城域网　　　　　　D. 通信子网

17. 在 Internet 提供的服务中,使本地计算机成为远程计算机的仿真终端从而实时使用其资源的服务是(　　)。

A. 万维网(WWW)　　　　　　　　B. 电子邮件(E-mail)

C. 文件传输(FTP)　　　　　　　　D. 远程登录(Telnet)

18. 在计算机网络中,英文缩写 LAN 指的是(　　)。

A. 广域网　　　　　B. 局域网　　　　　C. 城域网　　　　　D. 因特网

19. 在计算机网络中,英文缩写 WAN 指的是(　　)。

A. 广域网　　　　　B. 局域网　　　　　C. 城域网　　　　　D. 因特网

20. 在计算机网络中,英文缩写 MAN 指的是(　　)。

A. 广域网　　　　　B. 局域网　　　　　C. 城域网　　　　　D. 因特网

3.2　连接 Internet

考试要求

(1)了解因特网的常用接入方式及相关设备;

(2)掌握根据需要将计算机通过设备接入 Internet 的方法;

(3)了解无线网络的使用方法;

(4)了解 IP 地址和域名的概念;

(5)理解配置 TCP/IP 协议的参数;

(6)了解手机作为 WLAN 热点。

知识讲解

3.2.1　因特网常用接入方式及相关设备

1. 因特网接入方式

(1)早期接入因特网的方式有电话拨号上网方式(PPP 方式)、ADSL(非对称数字用户环路)、宽带入网。

(2)当前接入因特网的方式有局域网接入、ISDN 专线接入、DDN(数字数据网)专线接入、光纤接入、无线接入、无线局域网(wireless LAN)等。

2. 接入网络的相关设备

在组建局域网时,通常需要用一些网络设备将计算机连接起来。常用的网络连接设施、设备有以下几种:

(1)传输介质:指在网络中传输信息的载体,常用的传输介质分为有线传输介质和无线传输介质两大类。

①有线传输介质主要有双绞线、同轴电缆和光纤。双绞线和同轴电缆传输电信号，光纤传输光信号。光纤速度快，带宽大，稳定性好，抗干扰能力强。

②无线传输介质主要有无线电波、微波、红外线、卫星等，信息被加载在电磁波上进行传输。

（2）常见网络设备有网卡、调制解调器（modem）、中继器、集线器（hub）、网桥、交换机、路由器（router）、网关（gateway）等。

家庭用户通过电话拨号接入互联网，需要电话线和调制解调器，不需要电话机，因为拨的是虚拟号。调制解调器的作用是使模拟信号与数字信号相互转换，即将电话线传输的模拟信号与计算机处理的数字信号相互转换。

3.2.2 IP 地址和域名系统

如同我们每个人的家庭地址都有一个门牌号，为了识别接入网络的每台计算机，需要一个永久的或是临时分配的地址。因特网提供两种识别类型来标识网络上的计算机，分别是 IP 地址和域名。

1. IP 地址

（1）IP 地址的含义

IP 地址是互联网中网络资源的标识符。IP 地址在计算机中用二进制数表示，一个 IP 地址由网络地址（又叫网络号）和主机地址（又叫主机号）两部分组成。长度有 32 位与 128 位之分，目前主要采用 32 位，划分为 4 段，每段 8 位，每段对应的十进制数范围为 0～255，段与段之间用句点隔开，如 192.168.1.1。

（2）IP 地址分类

由于网络中 IP 地址很多，所以又将它们按照第一段的取值范围划分为 5 类：0～126 为 A 类，128～191 为 B 类，192～223 为 C 类，D 类和 E 类留作特殊用途。

（3）IP 地址分配

IP 地址分配分为两种，即静态分配法与动态分配法。静态分配法是给每台计算机分配一个固定 IP 地址，通常用于局域网；动态分配法是给计算机分配临时地址，断网后地址被撤回，如拨号上网、宽带都采用临时地址。

2. 域名系统

由于 IP 地址是用数字表示的，不易记忆和使用。因此，人们用有意义和容易识记的字符，如服务名、机构名称等代替 IP 地址中的数字，这样 IP 地址就变成了域名。例如，网易的 IP 地址是 61.135.253.17，域名是 163.com。IP 地址与域名两者存在对应关系，当我们要访问某一台主机时，可使用 IP 地址或域名。

（1）域名结构

域名采用点分制的层次结构：主机名.机构名.网络名.顶级域名。例如，福建省人民政府网站的网址是 www.fujian.gov.cn，其中主机名为 www，机构名为 fujian，网络名为 gov，顶级域名（最高层域名）为 cn。通常，网络名部分称为二级域名，机构名部分称为三级域名，顶级域名则往往表示主机所属的行业类别或国家、地区代码，如 cn 代表中国，jp 代表日本等。

目前 Internet 的域名体系中有三类顶级域名：地理顶级域名、类别顶级域名和个性化域名。顶级域名及其含义如表 3-2-1 所示。

表 3-2-1　顶级域名及其含义

顶级域名	代表的含义
com	商业组织
edu	教育机构
gov	政府部门
mil	军事
net	网络服务组织
org	非营利性组织
int	国际性组织
cn	中国
uk	英国
kr	韩国
jp	日本
us	美国

例如，通过域名 www.fujian.gov.cn 知道它属于政府类网站；www.pku.edu.cn 属于教育类。

（2）域名解析

当用户上网输入某个网站的域名时，这个信息首先会被送达提供此域名解析的服务器，只有将此域名解析为相应网站的 IP 地址，才能访问该网站。完成这一任务的过程就称为域名解析，由 DNS 服务器负责。DNS 称为域名服务器，负责 IP 地址与域名的相互解析。

3.2.3　接入 Internet

1. ADSL 接入

ADSL（asymmetrical digital subscriber loop，非对称数字用户环路）技术以现有普通电话线作为传输介质，用户只需要在普通线路两端加装 ADSL 设备，即可使用 ADSL 提供的宽带上网服务。ADSL 和固定电话使用同一条线路实现宽带上网和语音通信，在上网的同时也可以使用语音通信服务，上网和接听、拨打电话互不干扰。用户通过 ADSL 接入因特网，同时可以收看影视节目或举行视频会议，还可以高速下载数据文件。

2. 小区宽带接入

这是目前大中城市较普及的一种宽带接入方式，网络服务商利用以太网技术，采用光纤接入到社区，从社区机房敷设光缆至住户住宅楼，楼内布线采用五类双绞线铺设至用户家里。双绞线总长度一般不超过 100 m，用户家里的计算机通过五类双绞线接入墙上的五类模块就可以实现上网。

3. 电话拨号入网

这种接入方式是过去非常普遍的一种接入方式，主要利用公用电话交换网（public switched telephone network，PSTN）通过调制解调器拨号实现用户接入，最高速率为 56 kbps，目前只在还没有开通宽带上网的地区还有使用价值。

4. 无线上网

无线上网是指使用无线连接的互联网接入方式，它使用无线电波作为数据传送的媒介。传输速率和传送距离虽然不如有线上网，但它移动便捷，特别适合使用笔记本电脑、平板电脑的用户，深受广大商务人士喜爱。无线上网现在已经广泛应用在商务区、大学、机场及其他各类公共区域，其网络信号覆盖区域正在进一步扩大。目前中国移动、中国电信、中国联通等运营商都开通了此项业务。

5. 通过手机共享网络

现代社会，手机已成为人们普遍使用的通信工具，在没有网络的时候，如何通过手机共享网络资源呢？一种方式是让手机变成一个临时的 WiFi 热点以供电脑上网，即类似于无线网卡。另一种方式是通过手机共享 WiFi 资源。

6. 配置 TCP/IP 协议参数

连接好局域网中的设备之后，还需要在 Windows 7 操作系统中配置 TCP/IP 协议，包括设置 IP 地址、子网掩码、网关、DNS 服务器，才能使局域网正常工作。其中，子网掩码的作用是区分 IP 中的网络号和主机号；网关是共享上网的服务器或路由器。在局域网环境中，设定固定 IP，配置 TCP/IP 协议接入因特网的操作过程如下：

（1）进入"网络和共享中心"，单击"本地连接"。

（2）进入"本地连接"对话框，按如图 3-2-1 和图 3-2-2 所示的操作步骤进行。

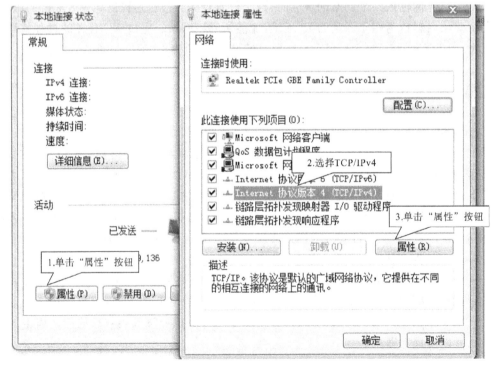

图 3-2-1 "本地连接"对话框

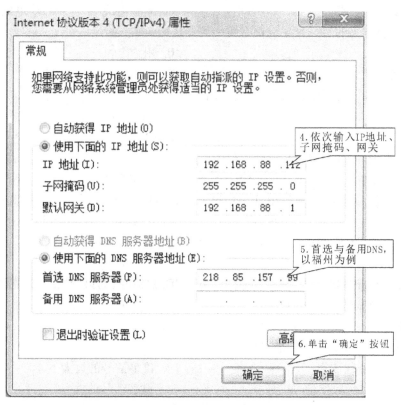

图 3-2-2　IP 地址的设置

理论练习

1. 利用局域网接入 Internet,用户计算机必须具有(　　　)。

A. 网卡 　　　　　B. 交换机 　　　　　C. 路由器 　　　　　D. 调制解调器

2. 在下列传输介质中,误码率最低的是(　　　)。

A. 同轴电缆 　　　B. 光纤 　　　　　　C. 微波 　　　　　　D. 双绞线

3. 在组建企业内局域网的时候,如果干扰是束缚网络性能的主要问题,为了解决该问题并且保证外界对网络的干扰最小,应该考虑使用的传输介质是(　　　)。

A. 基带同轴电缆 　　　　　　　　　　B. 非屏蔽双绞线

C. 屏蔽双绞线 　　　　　　　　　　　D. 光纤

4. 针对不同的传输介质,以太网卡提供了相应的接口,其中适用双绞线的网卡应提供(　　　)。

A. AUI 进口 　　　B. BNC 接口 　　　C. RJ-45 接口 　　　D. RJ-11 接口

5. IP 地址是一个 32 位的二进制数,它通常采用点分(　　　)。

A. 二进制数表示 　　B. 八进制数表示 　　C. 十进制数表示 　　D. 十六进制数表示

6. 目前计算机网络常用的传输介质有(　　　)。

A. 双绞线 　　　　B. 同轴电缆 　　　　C. 光缆 　　　　　　D. 以上全都是

7. 对在单个建筑物内低通信容量的局域网来说,较适合的有线传输媒体为(　　　)。

A. 光纤　　　　　　　B. 双绞线　　　　　C. 同轴电缆　　　　D. 电线

8. 在因特网上的每一台主机都有唯一的地址标识,它是(　　　)。

A. IP 地址　　　　　　　　　　　　B. 用户名

C. 计算机名　　　　　　　　　　　D. 统一资源定位器 URL

9. 下面不能作为网络主机 IP 地址使用的是(　　　)。

A. 201. 109. 39. 68　　　　　　　B. 202. 256. 0. 12

C. 21. 18. 33. 48　　　　　　　　D. 120. 34. 1. 18

10. 负责 IP 地址与域名之间转换的是(　　　)。

A. 服务器系统　　　　B. FTP 系统　　　　C. 操作系统　　　　D. DNS 域名系统

11. 目前使用的 IPv4 地址中,IP 地址分为四段,每一段对应的十进制数范围是(　　　)。

A. 0～128　　　　　　B. 0～255　　　　　C. 0～126　　　　　D. 1～255

12. 下面的 IP 地址中,正确的是(　　　)。

A. 123. 32. 1. 258　　　　　　　B. 145. 42. 0

C. 168. 12. 150. 110　　　　　　D. 142;54;23;123

13. 调制解调器的英文简写是(　　　)。

A. NBC　　　　　　　B. Modem　　　　　C. NNC　　　　　　D. NYC

14. 调制解调器的主要功能是(　　　)。

A. 模拟信号的放大　　　　　　　B. 数字信号的放大

C. 模拟信号和数字信号的转换　　D. 数字信号的编码

15. 在 Internet 中,网络之间互连通常使用的设备是(　　　)。

A. 交换机　　　　　　B. 集线器　　　　　C. 服务器　　　　　D. 路由器

16. 福建省教育厅的网址为 http://www.fjedu.gov.cn/,该网址的顶级域名及其表示的含义是(　　　)。

A. www,万维网　　　　　　　　B. cn,中国

C. fjedu,教育　　　　　　　　　D. http,超文本传输协议

17. 通常所说的 ADSL 是指(　　　)。

A. 网络服务商　　　　　　　　　B. 网页制作软件

C. 一种宽带网络接入方式　　　　D. 计算机五大部件之一

18. ISP 称为(　　　)。

A. 因特网内容提供商　　　　　　B. 因特网应用提供商

C. 因特网开发商　　　　　　　　D. 因特网服务提供商

19. DNS 代表(　　　)。

A. 域名命名系统　　　B. IP 分配系统　　　C. 网络服务系统　　D. 域名解析系统

20. 以下(　　　)不属于网络连接设备。

A. 交接机　　　　　　B. 路由器　　　　　C. 集线器　　　　　D. 服务器

3.3　获取网络信息

考试要求

(1)掌握用浏览器浏览和下载相关信息的方法;

(2)理解浏览器参数的配置;

(3)熟练掌握使用搜索引擎检索信息。

知识讲解

3.3.1　浏览网页的相关概念

1. 万维网

WWW 是 World Wide Web 的缩写,简称 Web,也称万维网,是当前互联网上最受欢迎、最为流行的信息检索服务系统。它能把各种各样的信息(图像、文本、声音和影像)有机地结合起来,方便用户阅读和查找。

2. 网址

(1)统一资源定位器(URL)。就是我们常说的网址,通常由三部分组成:传输协议、主机域名、访问资源的路径和名称。URL 的格式是"协议://主机名.域名/路径/文件名",例如,新华网十九大专题网址:http://www.xinhuanet.com/politics/19cpcnc/zb/kms/index.htm。

①http 表示协议;②www 表示主机名;③www.xinhuanet.com 表示域名;④politics/19cpcnc/zb/kms/index.htm 表示路径与名称。

(2)超文本传送协议(HTTP)。是互联网上应用最为广泛的一种网络协议,负责规定客户端(浏览器)和因特网服务器怎样互相交流信息。HTTP 是 WWW 使用的通信协议,用于传输超文本信息。

(3)超文本标记语言(HTML)。用于定义超文本文档的结构和格式,用各种标记标识网页的各种对象,以超链接为核心把各种对象链接在一个网站或网页中以便于访问。超链接的特点是文字用特殊颜色表示,文字带下划线,鼠标指针指向文字时变成小手形状。

3.3.2　浏览器

浏览器(browser)是用户通向万维网的桥梁和获取万维网信息的窗口,通过浏览器,用户可以在浩瀚的因特网海洋中漫游,搜索和浏览自己感兴趣的信息。Windows 操作系统自带的浏览器是"Internet Explorer",简称为 IE,现在比较流行的浏览器还有 360 浏览器、百度浏览器、QQ 浏览器、猎豹安全浏览器、火狐浏览器等。下面以 IE 浏览器为例介绍。

1. IE 浏览器的启动与关闭

启动 IE 浏览器的方法：

方法一：双击桌面上的 IE 浏览器图标。

方法二：单击任务栏中的快速启动工具栏上的 IE 浏览器的启动按钮。

方法三：依次单击"开始"按钮→"所有程序"→"Internet Explorer"选项。

关闭 IE 浏览器的方法：

方法一：单击浏览器右上角"关闭"按钮。

方法二：执行"文件"菜单中的"退出"命令。

方法三：直接按组合键 Alt＋F4。

2. IE 浏览器简介

打开 IE 浏览器，在地址栏输入 http：//www.cctv.com，并按回车键，就会出现如图 3-3-1 所示的界面。

图 3-3-1　打开 IE 浏览器界面

浏览器界面的基本组成元素及其功能如下：

（1）标题栏：一般显示当前网页的标题。

（2）菜单栏：包含了操作浏览器的所有命令，包括文件、编辑、查看、收藏夹、工具、帮助菜单。

（3）地址栏：用于输入并显示网址。

（4）选项栏：选项栏为用户快速浏览网页和执行相关操作提供了诸多便利。

3. 网页内容的保存

（1）保存网页，如图 3-3-2 所示。

图 3-3-2　保存网页

（2）保存图片，如图 3-3-3 所示。

图 3-3-3　保存图片

（3）收藏网页，如图 3-3-4 所示。

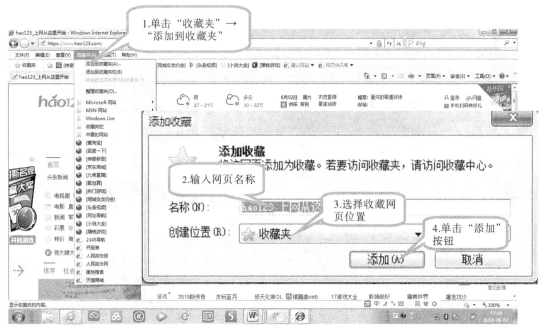

图 3-3-4　收藏网页

3.3.3　浏览器的设置

1. 设置默认主页

主页是启动浏览器时显示的默认页面，可根据用户需要进行设置。

设置腾讯网（http://www.qq.com）作为 IE 浏览器主页，操作步骤如图 3-3-5 所示。

2. 删除临时文件、设置和查看历史记录

IE 浏览器会把用户上网浏览过的一些网页作为临时文件保存起来，浏览过的网址也会被记录在 IE 的历史记录中。一些临时文件未被清理，时间久了会影响计算机运行速度。打开"Internet 选项"对话框，如果要清除历史记录，直接单击"删除"按钮；如果要设置历史记录，单击"设置"按钮，其设置方法如图 3-3-6 所示。

3. 设置浏览器的安全级别

为了调整 IE 的安全级别，更好地提高浏览器的安全性，从而提高系统的安全性，可在"安全"选项卡中根据需要进行级别的设置，如图 3-3-7 所示。

4. 个人信息的清除、自动完成功能

IE 提供的自动完成表单和 Web 地址功能为上网的用户带来了便利，但同时也存在泄密的危险。默认情况下自动完成功能是开启的，用户填写的表单信息会被 IE 记录下来，包括用户名和密码，当用户下次打开同一个网页时，只要输入用户名的第一个字母，完整的用户名和密码都会自动显示出来。

当用户输入用户名和密码并提交时，会弹出"自动完成"对话框，如果单击 确定 按钮，则下次其他人访问该网页时就不需要输入密码了。如果用户不小心单击了 确定按钮,也可以通过下面的步骤来清除自动完成功能,如图 3-3-8 所示。

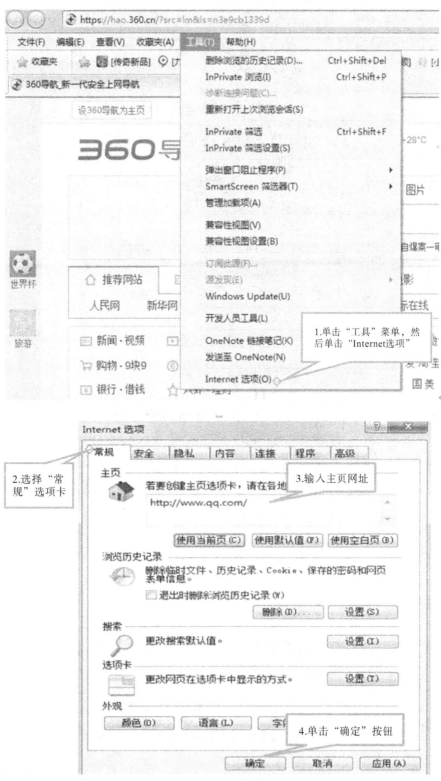

图 3-3-5　设置 IE 浏览器为默认主页

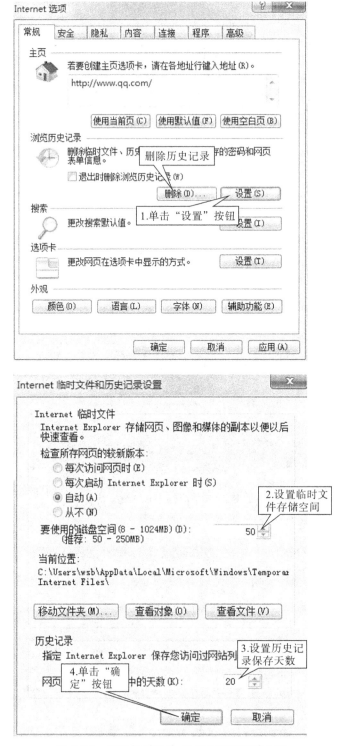

图 3-3-6　删除临时文件、设置和查看历史记录

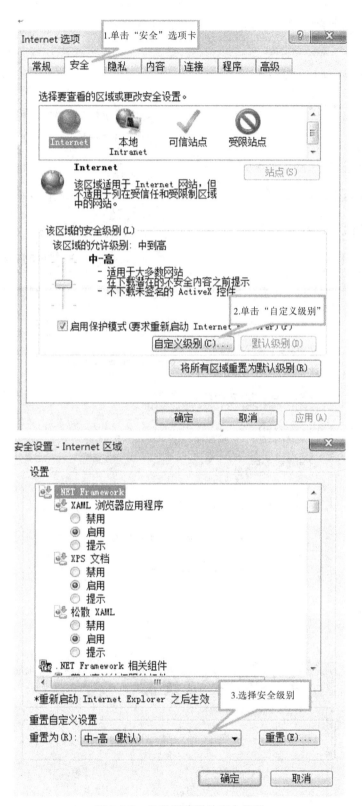

图 3-3-7　设置浏览器的安全级别

图 3-3-8　个人信息的清除、自动完成功能

5. 整理 IE 浏览器的收藏夹

(1)收藏站点

为了方便将来访问某个站点,用户可将喜欢的、常用的站点添加到收藏夹中,如图 3-3-9 所示。

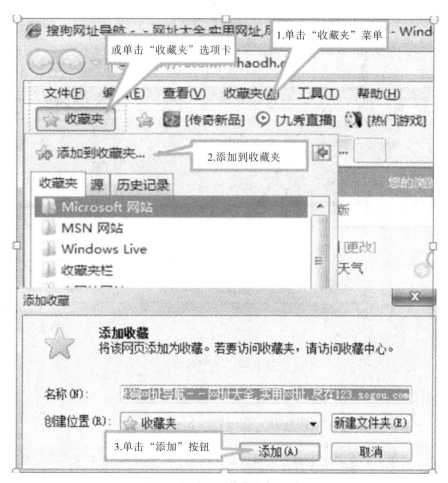

图 3-3-9 收藏站点

(2)整理收藏夹

随着收藏的站点越来越多,需要加以整理,不然查找网址变得麻烦,如图 3-3-10 所示。

图 3-3-10　整理收藏夹

3.3.4　使用搜索引擎检索信息

搜索引擎是一类专门用于网上检索信息的网站。根据工作方式的不同搜索引擎可以分为常用的两类：全文搜索引擎（通过关键词搜索）和目录搜索引擎（分类搜索）。全文搜索引擎有百度（www.baidu.com）、搜狗（www.sogou.com）、谷歌（www.google.com）等，目录搜索引擎有新浪（sina）、雅虎（yahoo）、网易（163）、360 导航等。通常用"关键词"检索方式进行检索。

所谓"关键词"是指能表达将要查找的信息主题的单词或短语。用户以一定逻辑的组合方式输入各种关键词，搜索引擎根据这些关键词寻找用户所需资源的地址，再以一定的规则将包含这些关键词的网页链接提供给用户。使用关键词的操作方法如下：

（1）给关键词加双引号（半角形式），可实现精确查询。

（2）组合的关键词用加号"＋"连接，表明查询结果应同时具有各个关键词。

（3）组合的关键词用减号"－"连接，表明查询结果中不会存在减号后面的关键词内容。

（4）通配符（＊和?)主要用于英文搜索引擎中。"＊"表示匹配的字符数量不受限制，"?"表示匹配的字符数量受限制。

理论练习

1. HTTP 指的是(　　　)。

A. 文件传输协议　　　　　　　　　B. Web 服务器

C. 超文本传输协议　　　　　　　　D. 超文本标记语言

2. 我们可以把喜爱的网页地址存入(　　　　),以后每次访问就不用再键入该网页地址了。

A. 历史记录　　　　B. 收藏夹　　　　C. 文件夹　　　　D. 搜索栏

3. 网址 http://www.stm.gov.vn/index.html 中表示主机名的是(　　　)。

A. http　　　　　　B. www　　　　　C. gov　　　　　D. index.html

4. 断开网络连接以后,我们也可以再次浏览以前访问过的网页,这是因为(　　　)。

A. 网页放在了历史记录里　　　　　B. 网页放在了收藏夹里

C. 网页放在 Internet 临时文件里　　D. 网页还在内存里

5. URL 表示(　　　)。

A. 网络协议　　　　B. 网站域名　　　C. 网站位置　　　D. 统一资源定位器

6. 网址 http://www.stm.gov.cn/index.html 中,index.html 表示(　　　)。

A. 主机名　　　　　B. 协议名　　　　C. 网站名　　　　D. 主页名

7. 以下(　　　)不属于下载工具软件。

A. 网际快车　　　　B. 网络蚂蚁　　　C. 金山词霸　　　D. 迅雷

8. 小红想把网上的一些电影下载到自己电脑中,下列方法中可以提高下载效率的是(　　　)。

A. 直接复制、粘贴　　　　　　　　B. 直接将文件拖入本地磁盘

C. 使用迅雷下载　　　　　　　　　D. 单击鼠标右键,选择"目标另存为"

9. 利用百度搜索上海世博会的有关信息,最恰当的关键词是(　　　)。

A. 上海　　　　　　B. 世博会　　　　C. 上海与世博会　D. 上海世博会

10. 上网时在地址栏内输入的网址 http://www.baidu.com 称为(　　　)。

A. 域名　　　　　　B. URL　　　　　C. DNS　　　　　D. IP 地址

11. 使用迅雷软件可以进行(　　　)。

A. 即时通信　　　　B. 资源下载　　　C. 在线翻译　　　D. 收发邮件

12. 收藏夹的作用是(　　　)。

A. 保存历史记录　　　　　　　　　B. 下载网页信息

C. 保存网页地址　　　　　　　　　D. 保存网页内容

13. 我们在网络上浏览信息、检索信息,一般是通过(　　　)。

A. WWW　　　　　B. FTP　　　　　C. ISP　　　　　D. E-mail

14. 以下有关资源下载的说法中不正确的是(　　　)。

A. 要下载文字直接复制与粘贴即可

B. 文件下载的途径与方法有多种

C. 网络上所有资源都可以下载使用

D. 使用专门的下载工具下载文件效率比较高

15. 网页文件其实是一种（　　　）。

A. 多媒体文件　　　　B. 表格文件　　　　C. 文本文件　　　　D. 图像文件

16. 若要在网上查询万维网信息，计算机上必须具备的软件是（　　　）。

A. 百度　　　　　　　B. 迅雷　　　　　　C. 暴风影音　　　　D. 浏览器

17. 如果想保存网页上的一张图片，正确的操作是（　　　）。

A. 直接拖拽图片到收藏夹中

B. 单击"文件"菜单，选择"另存为"命令

C. 单击该图片，选择"图片另存为"命令

D. 右击该图片，在弹出的快捷菜单中选择"图片另存为"命令

18. 关于因特网搜索引擎的叙述，正确的一项是（　　　）。

A. 目录搜索引擎一定要输入关键词

B. 各种搜索引擎的搜索效果一样

C. 既能按关键字又能按分类目录进行查询

D. 全文搜索引擎不能搜索到最新消息

19. 下列网站属于全文搜索引擎的是（　　　）。

A. 搜狐　　　　　　　B. 百度　　　　　　C. 网易　　　　　　D. 新浪

20. 在因特网上搜索信息时，为了缩小搜索范围，正确的方法是（　　　）。

A. 减少关键词　　　　　　　　　　　B. 使用逻辑命令 and

C. 更换搜索引擎　　　　　　　　　　D. 使用逻辑命令 or

3.4　收发电子邮件

考试要求

(1)熟练掌握电子邮箱的申请；

(2)熟练掌握电子邮件的收发。

知识讲解

3.4.1　E-mail 简介

电子邮件（electronic mail，E-mail）是一种通过 Internet 进行信息交换的通信方式，这些信息（电子邮件）可以是文字、图像、声音等各种形式，用户可以用非常低廉的价格，以非常快速的方式与世界上任何一个角落的网络用户联系。正是电子邮件的使用简易、投递迅速、收费低廉、易于保存、全球畅通无阻的特性，使得它被广泛地应用，它使人们的交流方式得到了极大的改变。另外，电子邮件还可以进行一对多的邮件传递，即同一邮件可以一次发送给

许多人,极大地满足了大量存在的人与人之间的通信需求。

1. 电子邮件的地址

E-mail 要在浩瀚无边的 Internet 上传递,并能准确无误地到达收件人的手中,对方必须有一个全世界唯一的地址。这个地址就是电子邮件地址,电子邮件信箱就是用该地址进行标识的。

Internet 上的电子邮件地址是用一串英文字母和特殊符号的组合进行描述的,由特殊符号"@"分成两部分,中间不能有空格和逗号。它的一般形式可以表示为:username@hostname,即用户名@域名。

其中,username 是用户申请的账号,即用户名,通常由用户的姓名或其他具有用户特征的标识命名;符号"@"读作 at,翻译成中文是"在"的意思;hostname 是指邮件服务器的域名,即主机名,用来标识服务器在 Internet 中的位置。用一个公式表示 E-mail 地址的格式为:

E-mail 地址="用户名"+@+"邮件服务器名.域名"

例如,FJ_fzdaxue@163.com,用户名可以由字母、数字和下划线组成。

2. 电子邮件的格式

电子邮件一般都由两个部分组成:信头和信体。

(1)信头

信头相当于信封,通常包括以下几项内容。

发送人:发送者的 E-mail 地址,是唯一的。

收件人:收件人的 E-mail 地址。我们可以一次给多人发信,所以收件人的地址可以有多个,多个收件人地址用分号(;)或逗号(,)隔开。

抄送:表示在发送给收件人的同时也可以发送此信到其他人的 E-mail 地址,可以是多个地址。

主题:信件的标题。

作为一个可以被发送的信件,它必须包括"发送人""收件人"和"主题"3 个部分。

(2)信体

信体相当于信件的内容。它可以是单纯的文字,也可以是超文本,还可以包含附件。

3. E-mail 的工作过程

电子邮件的工作过程遵循客户-服务器模式。发送方将制作好的电子邮件通过简单邮件传送协议(simple mail transfer protocol,SMTP)发送到邮局服务器(SMTP 服务器);邮局服务器将邮件发送到接收方所在的邮局服务器;接收方邮局服务器通过邮局协议(post office protocol version 3,POP3)接收并缓存邮件,然后通知接收方有邮件到来。若接收方离线,邮件会保存在邮局服务器中,所以对方关机了也可以发送邮件。

4. E-mail 协议

常用的邮件协议有两个:SMTP 和 POP3。相应地,邮件服务器也有两类:POP3 服务器,即邮件接收服务器;SMTP 服务器,即邮件发送服务器。

(1)POP3 协议是电子邮件接收方向电子邮局发出接收邮件请求时使用的单向传输协议。用户从邮件服务器中接收 E-mail 是通过 POP3 来完成的。

(2)SMTP 协议是电子邮件的发送方向接收方传递邮件时的单向传输协议。因特网上发送 E-mail 是通过 SMTP 来实现的。

（3）IMAP 协议（Internet message access protocol，消息访问协议）主要用于接收邮件。IMAP 具有智能邮件存储功能，IMAP 协议可以让用户在下载邮件之前预览信件主题与信件来源，再决定是否下载附件。

5. 电子邮箱

电子邮箱是我们在网络上保存邮件的存储空间。一个电子邮箱对应一个 E-mail 地址，有了电子邮箱才能收发邮件。现在，有许多网站提供了电子邮箱服务，有的需要付费使用，而有的电子邮箱是免费的，我们可以通过申请获得个人免费邮箱。

3.4.2　申请和使用免费邮箱

1. 网络查找，选择网站

利用搜索引擎，如在"百度"中输入要查找的内容"免费邮箱"。提供免费邮箱的网站很多，常见的免费邮箱有 mail.163.com 或 mail.126.com（网易）、mail.sina.com.cn（新浪）、mail.qq.com（腾讯）等，在搜索出的免费邮箱网站中选择喜欢的网站，如网易免费邮箱网站目前是国内最大的免费邮箱网站之一。

2. 邮箱注册

在 126 网易免费邮箱页面中单击"去注册"按钮进行注册，如图 3-4-1 所示；在注册用户的页面上，先在"邮件地址"位置填写自己的用户名，如 fjxyspks，网站会自动判断输入的用户名是否可用，用户名必须是该网站邮箱中唯一的；然后根据提示填写密码、手机号码、验证码等信息，勾选"同意服务条款"和"隐私权相关政策"，至此注册成功。

图 3-4-1　邮箱注册

3. 使用邮箱收发电子邮件

(1)在浏览器中输入网站地址:http://mail.163.com,出现 163 邮箱的主页面,在该页面中填写用户名和密码,单击"登录"按钮,将进入 163 网易邮箱页面,如图 3-4-2 所示。

图 3-4-2 邮箱页面

(2)单击"写信"按钮,进入 163 邮箱写信页面。发送信件要填写收件人的邮箱地址,并在正文框中输入信件内容,还可以用"添加附件"功能发送有关文件或图片等,如图 3-4-3 所示的选择框,可以在不同的目录下选择要发送的文件,如选择"福建省中等职业学校学生学业水平考试计算机及其应用考试大纲.doc"文件。当信件内容写好并且附件添加完成后,单击"发送"按钮。

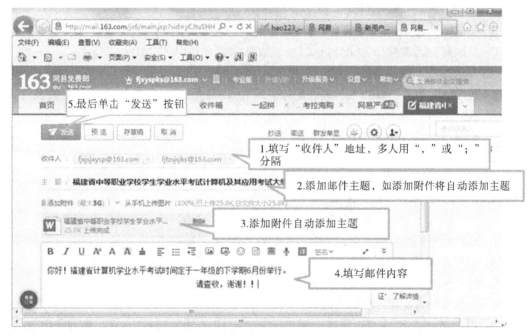

图 3-4-3 写信页面

3.4.3 常用的电子邮件收发工具

1. Outlook 2010

Outlook 2010 是 Microsoft Office 组件之一,可以用它来收发电子邮件、管理联系人信息、记日记、安排日程、分配任务。Outlook 2010 提供了一些新特性和功能,能更好地与他人保持联系,并更好地管理时间和信息。只要打开了软件界面,Outlook 2010 程序便自动与网站电子邮件服务器联机工作,接收用户的电子邮件,所有电子邮件可以脱机阅读。发信时,可以使用 Outlook 2010 创建新邮件,通过网站服务器联机发送。同时,Outlook 2010 在接收电子邮件时会自动把发信人的电子邮箱地址存入"通信簿",供以后调用。有的网站电子邮件服务器并不支持 Outlook 2010,因此安装 Outlook 2010 程序后,系统会自动向你填写的邮件服务器发送测试邮件以确定所填写的邮箱能否正常使用。

2. Foxmail

Foxmail 也是一种电子邮件客户端软件,它支持全部的 Internet 电子邮件功能,能快速地发送、收取、解码信件;有极好的中文兼容性;支持多用户、多账户;账户访问口令控制功能;每个用户都可有多个邮箱账户,可同时从多个服务器下载邮件;自动分发新收到的邮件,用户浏览邮件条目后再决定下载或直接删除;具有写信模板功能,同时具备中文版和英文版可供选择。

理论练习

1. 电子邮件应用程序实现 SMTP 的主要目的是( )。

A. 创建邮件　　　　B. 管理邮件　　　　C. 传输邮件　　　　D. 接收邮件

2. 在 Internet 电子邮件系统中,电子邮件应用程序( )。

A. 发送邮件和接收邮件通常都使用 SNMP 协议

B. 发送邮件通常使用 SMTP 协议,而接收邮件通常使用 POP3 协议

C. 发送邮件通常使用 POP3 协议,而接收邮件通常使用 SNMP 协议

D. 发送邮件和接收邮件通常都使用 POP3 协议

3. 下列( )是正确的电子邮件地址。

A. fjxyspks@163.com

B. @fjxyspks.www.163.com

C. www.163.com@fjxyspks

D. http://fjxyspks@www.163.com

4. 下列不属于电子邮件协议的是( )。

A. POP3　　　　　　B. SMTP　　　　　　C. SNMP　　　　　　D. IMAP

5. 如果电子邮件到达时,计算机没有开机,那么电子邮件将( )。

A. 退回给发信人　　　　　　　　B. 保存在服务供应商的主机上

C. 过一会对方再重新发送电子邮件　　D. 等开机时再发

6. 电子邮件地址的一般格式是( )。

A. 用户名@域名　　B. 域名@用户名　　C. IP 地址@域名　　D. 域名@IP 地址

7. 下列说法错误的是(　　　)。

A. 电子邮件是 Internet 提供的一项最基本的服务

B. 电子邮件具有快速、高效、方便、廉价等特点

C. 通过电子邮件,可向世界上任何一个角落的网上用户发送信息

D. 可发送的多媒体只有文字和图像

8. 发送邮件时,若要发送一些图片、声音、视频,可作为(　　　)发送。

A. 主题　　　　　　　B. 附件　　　　　　　C. 正文　　　　　　　D. 链接

9. 电子邮件简称(　　　)。

A. WWW　　　　　　B. FTP　　　　　　　C. E-mail　　　　　　D. 微信

10. (　　　)可以使用电子邮件。

A. 仅中国人　　　　　B. 仅美国人　　　　　C. 仅公司白领　　　　D. 全球网络用户

11. 下列关于电子邮箱的说法中,错误的是(　　　)。

A. 有免费的电子邮箱,也有收费的电子邮箱

B. 只能在网易网站中申请电子邮箱

C. 电子邮箱的密码尽量使用字母、数字的复杂组合

D. 在不同网站申请的电子邮箱可以使用同一个用户名

12. 小李在注册电子邮箱的时候,需要设置登录密码,以下密码中较安全的是(　　　)。

A. Wangli　　　　　　　　　　　　B. 1234567890

C. Ch123　　　　　　　　　　　　D. Li123≠&

13. 在撰写邮件时,在收件人栏中,(　　　)。

A. 只能输入一个人的收件地址

B. 只能输入多个人的收件地址

C. 既可以输入一个人的收件地址,又可以输入多个人的收件地址

D. 只能输入收件人的姓名

14. 要将一封电子邮件同时发送给几个人,可以在收件人栏中输入他们的地址,并用
(　　　)分隔。

A. "　　　　　　　　B. ;　　　　　　　　C. '　　　　　　　　D. /

15. 下列有关叙述中,正确的是(　　　)。

A. 在发送电子邮件时,对方的电脑必须打开

B. 电子邮件直接发送到对方的计算机

C. 每台计算机只能有一个 E-mail 账号

D. 电子邮件中可能带有计算机病毒

16. 以下有关电子邮件的说法中,不正确的是(　　　)。

A. 没有主题的邮件不能发送　　　　　B. 用户可以给自己发送邮件

C. 邮件本质上是一个文件　　　　　　D. 附件可以是任意格式的文件

17. 目前常用的 E-mail 发送和接收协议是(　　　)。

A. HTTP 和 FTP　　　　　　　　　　B. TCP 和 HTTP

C. SMTP 和 POP3　　　　　　　　　　D. FTP 和 POP3

18. 如果电子邮件到达时,对方离线,那么电子邮件将(　　　)。

A. 需要重新发送 　　　　　　　　B. 被退回

C. 丢失 　　　　　　　　　　　　D. 保存在邮件服务器上

19. 用户的电子邮箱是（　　）。

A. 通过邮局申请的个人信箱 　　　B. 邮件服务器硬盘上的一块区域

C. 邮件服务器内存中的一块区域 　D. 用户计算机硬盘上的一块区域

20. 以下软件可以用于收发电子邮件的是（　　）。

A. 360 安全卫士 　　　　　　　　B. Outlook Express

C. Flash 　　　　　　　　　　　 D. WinRAR

3.5　使用网络服务

考试要求

(1)掌握即时通信软件如 QQ、微信的使用；

(2)了解远程桌面的概念和使用；

(3)理解网站提供的网络空间，如网络硬盘、网络相册；

(4)熟练掌握常见网络服务与应用，如网上学习、求职、购物、存储数据及网上银行。

知识讲解

3.5.1　即时通信软件的使用

即时通信已经发展成集交流、资讯、娱乐、搜索、电子商务、办公协作和企业客户服务等为一体的综合化信息平台。用户可以通过手机与其他已经安装了相应客户端软件的手机或电脑收发消息。网络通信分为两类：一是即时通信，如 QQ、MSN、微信、阿里旺旺、百度 hi、网易泡泡、盛大圈圈、淘宝旺旺等；二是非即时通信，如 E-mail、BBS、博客、微博等。

1. 使用 QQ

QQ 是腾讯公司开发的即时通信软件，利用 QQ 可以进行文字、语音、视频交流，既可以一对一聊天，也可以群聊。QQ 的功能非常多，除了聊天，还可以传输文件，利用 QQ 邮箱收发邮件和存储数据，利用 QQ 空间发表网络日志，设置网络相册，以及利用 QQ 群共享文件等。

(1)打开与登录 QQ

使用 QQ 之前，需要下载并安装 QQ 软件，注册一个 QQ 账号。

方法一：双击桌面 图标，弹出如图 3-5-1 所示的登录窗口。

方法二：单击"开始"→"所有程序"→"腾讯软件"→"QQ"。

（2）退出 QQ

单击 QQ 面板右上角"关闭"按钮。

（3）QQ 聊天窗口的使用

QQ 聊天窗口是信息交流的主界面，可以发送、接收和回复消息。在 QQ 面板中双击某个好友的头像，便会弹出聊天窗口，可以进行文字、音视频聊天及传送文件等。

图 3-5-1　登录窗口

2. 使用微信

微信是一款以聊天交友为主要功能的软件，支持通过手机网络发送语音短信、视频、图片和文字，可以单聊或群聊。除了聊天外，微信还有很多其他功能，如通过朋友圈分享信息、共享位置信息、发送文件、进行支付等。微信捆绑了很多第三方服务，如手机充值、水电缴费、理财、滴滴出行、购买火车票机票等。根据不同的需求，腾讯公司提供了手机版微信、电脑版微信、网页版微信。

（1）打开微信

使用微信之前，请到腾讯网站下载并安装网页版微信并注册微信账号。双击桌面" "图标，然后在手机上确认登录。

（2）关闭微信

单击微信面板右上角"关闭"按钮。

（3）微信的功能

聊天：支持发送语音短信、视频、图片（包括表情）和文字。它是一种聊天软件，支持多人群聊。

添加好友：微信支持查找微信号、查看 QQ 好友添加好友、查看手机通信录添加好友、分享微信号添加好友、摇一摇添加好友、二维码查找添加好友和漂流瓶接受好友 7 种方式。

实时对讲机功能：用户可以通过语音聊天室和一群人语音对讲，但与在群里发语音不同的是，这个聊天室的消息几乎是实时的，并且不会留下任何记录，在手机屏幕关闭的情况下也仍可进行实时聊天。

微信小程序：2017 年 4 月 17 日，小程序开放"长按识别二维码进入小程序"功能。经过腾讯科技测试，该功能在 iOS 以及 Android 中均可使用，如果无法正常打开，请将微信更新至最新版本。

朋友圈：用户可以通过朋友圈发表文字和图片，同时可通过其他软件将文章或者音乐分享到朋友圈。用户可以对好友新发的照片进行"评论"或点"赞"，用户只能看相同好友的"评论"或"赞"。

语音提醒：用户可以通过语音提醒打电话或查看邮件。

通信录安全助手：开启后可上传手机通信录至服务器，也可将之前上传的通信录下载至手机。

QQ 邮箱提醒：开启后可接收来自 QQ 邮箱的邮件，收到邮件后可直接回复或转发。

私信助手：开启后可接收来自 QQ 微博的私信，收到私信后可直接回复。

漂流瓶：通过扔瓶子和捞瓶子来匿名交友。

查看附近的人：微信将会根据用户的地理位置找到用户附近同样开启本功能的人。

语音记事本：可以进行语音速记，还支持视频、图片、文字记事。

摇一摇：微信推出的一个随机交友应用，通过摇手机或点击按钮模拟摇一摇，可以匹配到同一时段触发该功能的微信用户，从而增加用户间的互动和微信黏度。

群发助手：通过群发助手把消息发给多个人。

微博阅读：可以通过微信来浏览腾讯微博内容。

3.5.2　远程桌面的概念和使用

远程桌面因为其使用方便、功能强大，被越来越多的人使用，已不仅仅是网络管理员使用的工具。目前，很多普通的工作也可能需要用到远程桌面，特别是云计算的发展，进一步推动了远程桌面的发展和使用。

1. 设置 Windows 7 操作系统远程桌面连接

某台计算机如果开启了远程桌面连接功能，我们就可以在网络的另一端控制这台计算机。通过远程桌面功能，我们可以实时操作这台计算机，在上面安装软件、运行程序，所有的一切好像是在该计算机上操作一样。

远程桌面的设置是双向的，也就是说，一方要设置连接，另一方要设置接受。

（1）目标服务器端远程桌面设置

A 同学打算把自己的电脑与 B 同学的电脑进行远程桌面连接，其操作步骤如图 3-5-2 所示。

（2）客户端远程桌面连接

客户端远程桌面连接设置方法如图 3-5-3 所示。连接成功就可以控制目标服务器。

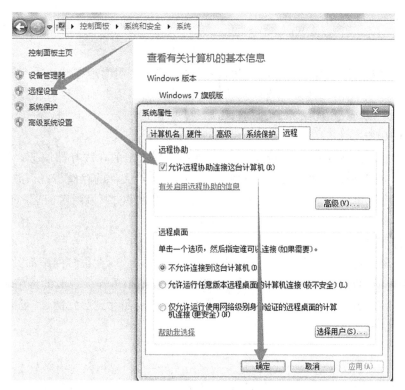

图 3-5-2　远程协助设置

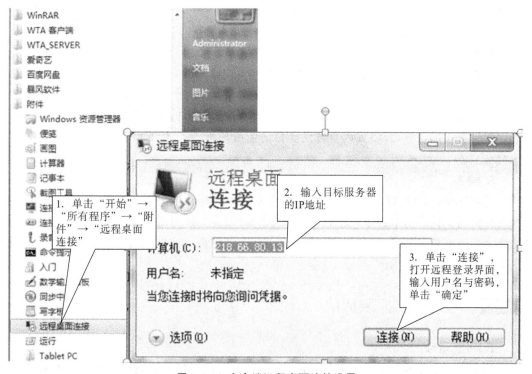

图 3-5-3　客户端远程桌面连接设置

3.5.3　使用网站提供的网络空间

网络空间即网络上存储信息的空间，指用网络连接使用物理存储介质存储、管理数据的一个载体空间，根据网络连接方式以及功能特性可分为多个类别。目前，网络存储方面的产品比较多，如网络硬盘、网络相册、博客、微博、播客等。

1. 网络硬盘

网络硬盘，又称网络U盘、网盘，是一些网络公司推出的在线存储服务。网络硬盘不需要随身携带，只要登录网站就能管理和使用数据文件，给文件的存储、备份、共享带来极大方便。目前在中国市场上常见的网盘有360云盘、百度网盘、华为网盘、迅雷网盘、微云、115网盘等。

2. 网络相册

网络相册是网站为用户提供的相片展示、存放的平台，现在很多网站都具有网络相册功能，如QQ相册、微信相册、网易相册、雅虎flickr以及拍拍乐等。一般的网络相册可以选择"公开"或"私人"的属性。微信相册允许用户存储自己的照片到朋友圈，既可以仅限自己看，也可以分享给朋友。

3. 博客

博客（blog）是以网络作为载体，简易迅速地发布个人心得，及时有效轻松地与他人进行交流，集丰富多彩的个性化展示于一体的综合性平台。博客可以分为以下几种：基本博客，小组博客，协作式博客，商业、企业、广告型博客以及知识库博客。国内常见的博客网站有新浪博客（http://blog.sina.com.cn）、163博客（http://blog.163.com）、搜狐博客（http://blog.sohu.com）等。

4. 微博

微博客（microblog）简称微博。它是个人面向网络的即时广播，以群聚的方式使用。用户个人看到的、听到的、想到的事情，以140字以内的精练文字更新信息或发一张图片，通过计算机或者手机随时随地与关注者分享、讨论。同时，在微博中还可以关注其他朋友，即时看到他们发布的信息，并将其内容转发到自己的微博上。关注（收听）别人的微博成为别人的"粉丝"。

5. 播客

播客（podcast）是数字广播技术的一种，其录制的是网络广播或类似的网络声讯节目，网友可将网上的广播节目下载到自己的手机、MP3播放器中随身收听，享受随时随地的听觉盛宴。更有意义的是，可以自己制作声音节目，编辑自己的网络音频日记，并将其上传到网上与广大网友分享。

3.5.4　常见网络服务与应用

1. 网上学习

网上学习是指通过个人计算机和网络，在网上浏览课程资源，在线交流学习，或登录网校平台参加课程培训，从而获得知识，解决相关的问题，实现提升自己的目的。选择网上在线学习平台，一定要选择"靠谱"的课堂、正规平台，如网易公开课、百度传课、腾讯课堂等，否则易被骗钱。

2. 网上求职

网上找工作是很方便的，比较出名的求职网站有 51job、智联招聘、前程无忧、58 同城网、赶集网等。

3. 网络医疗

网络医疗是伴随着互联网飞速发展而出现的一种新型的医疗手段。随着生活节奏加快，人们越来越不愿意将时间耗费在医院的挂号、办手续等琐碎的事情上，网络医疗恰恰满足了人们的这种需求。一旦发现身上哪里不对劲，可马上上网查询有关情况。如果要去医院检查，病人可选择在网上预先挂号，得知去医院的时间，而医生在门诊室中只要登录医院的操作系统，就可以从网络上调出病人的历史病历。看诊结束后，如果需要照 X 光或是做其他更详细的检查，医生可以直接在计算机上下指令。病人做完检查，就可以回到门诊室找医生，因为检查资料早已迅速地通过网络传回门诊室。如果病患的病情复杂，医生立刻可以与其他医院的医生在网络上进行会诊，通过资料分享功能让其他医生看到病患的病情，做出诊断。诊断结束后，医生就可以直接在计算机上开药，将处方传到药房。这样，本来手续烦琐的医疗过程通过网络的帮助变得简单多了。

4. 网上购物

如今，足不出户坐在家里就可以买到想要的商品，确实给购物带来了极大的便利。各种电商平台如雨后春笋般冒出来，其中比较专业的购物网站有阿里巴巴、天猫、淘宝、京东、亚马逊、苏宁易购等。要进行网购，首先要注册支付宝账号，注册微信，绑定银行卡等。

理论练习

1. QQ 软件属于（　　）。

A. 下载工具软件　　　B. 网购软件　　　C. 即时通信软件　　　D. 数据传输软件

2. QQ 是一种（　　）类型的软件。

A. 聊天　　　　　　B. 浏览器　　　　C. 图像处理　　　　　D. 电子邮件

3. QQ 联系人的管理中"黑名单"的作用是（　　）。

A. 他永远无法看到你在线，他给你发送消息也会被 QQ 后台拦截而不能发送成功

B. 你上线他会得到提示，他给你发送消息你有提示并可以看到

C. 是对你发出聊天请求的人，他给你发消息时你有提示

D. 为有着共同兴趣爱好的人聊天和交流提供的地方

4. 使用微软的 MSN Messenger，用户要通过唯一的（　　）和密码来登录。

A. 用户名　　　　　B. 登录号　　　　C. 电子邮件地址　　D. IP 地址

5. MSN Messenger 不可以在联系人之间传递（　　）。

A. 视频会议　　　　B. 电子邮件　　　C. 文字聊天　　　　D. 语音对话

6. 淘宝网是（　　）公司推出的网上购物平台。

A. 百度　　　　　　B. 微软　　　　　C. 阿里巴巴　　　　　D. 苹果

7. Internet 电子商务应用不包括下列的（　　）。

A. 网上购物　　　　　　　　　　　　B. 网上商品销售

C. 网上拍卖、网上货币支付   D. 电子邮件

8. Internet 通信服务不包括下列的（ ）。

A. 电子邮件   B. 网络电话、视频会议

C. 电子公告牌   D. 听音乐

9. 支付宝是阿里巴巴公司针对网上交易而特别推出的（ ）服务。

A. 身份认证   B. 安全付款   C. 保障收货   D. 交易跟踪

10. 关于支付宝优势的叙述，错误的是（ ）。

A. 在线支付，方便、快捷   B. 收取小额费用

C. 交易管理清晰   D. 保障买卖双方的利益

11. 以下属于求职网的是（ ）。

A. 51job   B. 携程网   C. 淘宝网   D. Google

12. Internet 为人们提供许多服务项目，最常用的是在 Internet 各站点之间漫游，传输文本、图形和声音等各种信息，这项服务称为（ ）。

A. 电子邮件   B. WWW   C. 文件传输   D. 网络新闻组

13. 以下属于电商网站的是（ ）。

A. 当当网   B. 阿里巴巴   C. 亚马逊   D. 以上全是

14. 要把文件存储在网络上，以下（ ）可以存储网络文件。

①百度云盘 ②U 盘 ③网络硬盘 ④QQ 空间 ⑤FTP 服务器

A. ①②③   B. ②③⑤   C. ①③④   D. ①③⑤

15. 以下选项中不能用于展示个人日志、风采的是（ ）。

A. 博客、微博   B. QQ 空间   C. 电子邮箱   D. 网络相册

第 4 章　文字处理软件(Word 2010)的应用

本章要点

1. 认识 Word 2010；
2. 文档的基本操作；
3. 排版文档格式；
4. 表格应用；
5. 图文混排。

4.1　认识Word 2010

考试要求

(1)理解中文 Word 2010 的基本功能；
(2)学会 Word 2010 的启动和退出；
(3)熟悉 Word 2010 的工作界面。

知识讲解

4.1.1　Word 2010 的功能

Word 2010 是 Microsoft 公司开发的 Office 2010 办公组件之一，主要用于文字处理工作。其功能包括文字的输入、编辑、格式化、图形处理及图文混排、表格处理等。用户可以用它建立和管理各类文档，如公文、信函、通知、简历、论文、宣传材料、广告、书籍等。

4.1.2 Word 2010 的启动与退出

1. Word 2010 的启动

方法一：双击桌面图标。

方法二：单击"开始"→"所有程序"→"Microsoft Office"→"Microsoft Word 2010"菜单项。

方法三：双击任一个已有的 Word 2010 文档。

2. Word 2010 的退出

方法一：单击 Word 2010 窗口标题栏右边的"关闭"按钮。

方法二：单击菜单"文件"→"退出"菜单项。

4.1.3 Word 2010 的工作界面

Word 2010 启动的工作界面如图 4-1-1 所示。

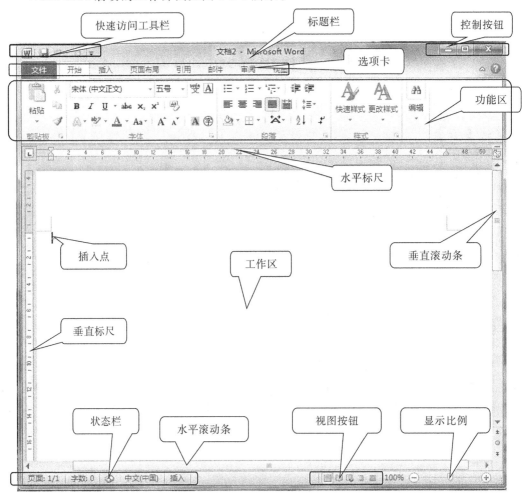

图 4-1-1　Word 2010 窗口界面

4.2　文档的基本操作

考试要求

(1)熟练掌握 Word 文档的创建、打开、录入、编辑、保存的操作;

(2)掌握特殊符号的输入方法;

(3)熟练掌握文本的查找与替换操作;

(4)会进行多窗口操作与各种视图浏览文档;

(5)了解文档的预览和打印功能。

知识讲解

4.2.1　新建与打开文档

1. 新建 Word 文档

方法一:单击菜单"文件"→"新建"→"空白文档"→"创建"。

方法二:单击快速访问工具栏中的"新建"按钮。

方法三:在桌面或者文件夹窗口的空白区域,右击鼠标,在弹出的快捷菜单中单击"新建"→"Microsoft Word 文档"。

方法四:在 Word 2010 窗口界面中,按 Ctrl+N。

2. 打开文档

方法一:双击要打开的 Word 文档。

方法二:打开 Word 2010 软件,再单击菜单"文件"→"打开",在弹出的对话框中找到要打开的文件名并双击。

方法三:在 Word 2010 窗口界面中,按 Ctrl+O,在弹出的对话框中找到要打开的文件名并双击。

4.2.2　录入与保存文档

1. 录入文字

在工作区中有一个闪烁的"I"字形光标,称为插入点(也称为定位符),输入的文字将在该位置。可通过鼠标或键盘按键改变插入点位置,光标的控制按键及其功能如表 4-2-1 所示。

表 4-2-1　光标控制按键及其功能

键位	功能
Ins	插入/改写状态切换
Del	删除光标定位符后的字符
Home/End	将光标移动到行首/行尾
Ctrl+Home/End	将光标移动到文档开头/末尾
Page Up/Page Down	将光标上移一页/下移一页
Ctrl+Page Up/Page Down	将光标移动到上一页首行/下一页首行

在录入文字的每一段落结束处,按 Enter 键另起一段,在段落末尾处有"↙"符号,称为换行符,段落的合并与拆分要通过删除换行符或插入 Enter 键来完成。

输入符号的方法:在输入文档时,有时需要输入一些键盘符号之外的特殊符号,如↑、↓、§、№、◇、☆等,这时可以用输入法的软键盘找到该符号输入,也可以使用 Word 的"插入"功能区里的"符号"按钮中自带的各种符号。插入符号的操作步骤如图 4-2-1 所示。

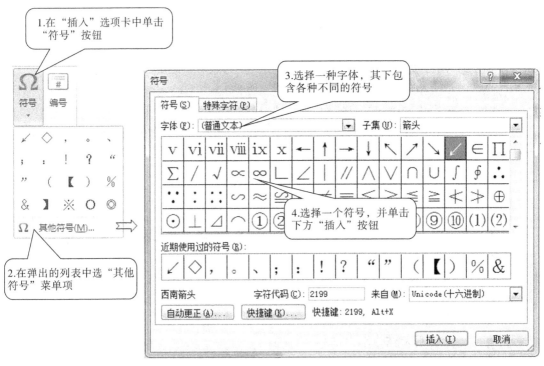

图 4-2-1　插入符号

2. 保存文档

第一次保存文档会弹出"另存为"对话框,已保存过的文档编辑后再单击"保存"将直接在原文件中保存。若要改变文件名或者保存到别的位置,则必须选择菜单中"文件"→"另存为"命令。

Word 2010 默认保存的文档格式为".docx",为了跟低版本的 Word 兼容,Word 2010 提供另存为低版本的兼容格式".doc"。

保存文档的其他常用方式有：

方法一：单击菜单中"文件"→"保存"或"另存为"命令。

方法二：单击快速访问工具栏中的"保存"按钮。

方法三：在 Word 界面用组合功能键 Ctrl+S。

4.2.3　文本的选定

对文档进行编辑排版，经常要选定文本，包括复制、修改、拖动、删除、设置格式等，被选中的文本显示为反相"蓝底"，常用的选取对象的方法如表 4-2-2 所示。

表 4-2-2　选取操作对象的方法

选取范围	方法
一般选取	把鼠标指针移动到对象第一个字符，按住左键拖动鼠标到对象的结尾
选取单词	双击该单词
选取一行	在行的左边单击鼠标左键(指针变为↗时单击)
选取整个段落	在段落的左边双击鼠标左键
选取句子	按住 Ctrl 键，单击该句的任意位置
选取矩形区域	按住 Alt 键，按下鼠标左键拖动鼠标
选取不连续的文本区域	先拖动选取一个文本块，再按住 Ctrl 键拖动选取其他文本区域
选取整篇文档	在文档的左边三击鼠标左键，或按 Ctrl+A 组合功能键
选取整页文本	在页的开始处单击，按住 Shift，再到页的结尾处单击最后一个文本
选取其他对象	单击对象如图片、艺术字、文本框等(对象被选中，在其四周会出现控制夹点)，按住 Ctrl 键也可以选取多个对象

4.2.4　编辑文档

编辑文档的基本操作包括插入、删除、复制、剪切、粘贴、移动。

1. 插入文本

插入文本是将光标移动到要插入的位置，如果文档的编辑状态为"插入"状态，则插入的文本会将插入点右边的文字向右推移；如果编辑状态为"改写"状态，则插入点右边的文本会被插入的文字所代替。

2. 删除文本

选定文本后按 Delete 或 Backspace 键。

3. 复制文本

选中要复制的文本，按以下几种方法可实现复制操作：

方法一：单击"开始"菜单"剪贴板"功能区中的"复制"按钮。

方法二：按 Ctrl+C 组合功能键。

方法三：按住 Ctrl 键，用鼠标拖动选中对象到要复制的位置后松开鼠标左键。

4. 剪切文本

选中要剪切的文本，按以下几种方法可实现剪切操作：

方法一：单击"开始"菜单"剪贴板"功能区中的"剪切"按钮。

方法二：按 Ctrl+X 组合功能键。

方法三：用鼠标拖动选中对象到要移动的位置后松开鼠标左键。

5. 粘贴文本

鼠标指针定位到要粘贴的位置，按以下几种方法实现粘贴：

方法一：单击"开始"菜单"剪贴板"功能区中的"粘贴"按钮。

方法二：按 Ctrl+V 组合功能键。

6. 移动文本

选中要移动的文本，按上述剪切文本相同的操作方法实现移动。

4.2.5　查找与替换文本

1. 查找文本

Word 查找功能可以查找文档中的任一指定文本，还可以查找特殊格式符号，如段落标记、分栏符、手动换行符等。

2. 替换

Word 的替换功能可以对文档中出现的错字/词进行更正，还可以将文档中多次出现的同一个字/词批量更换为另一个字/词，例如将全文中的"光采"替换为"光彩"。"替换"的操作与"查找"的操作类似，操作步骤如下：

（1）点击"开始"选项卡的"编辑"功能区中的"替换"按钮或按快捷键 Ctrl+H，打开"查找和替换"对话框，如图 4-2-2 所示。

（2）在"查找内容"列表框中输入要查找的内容。

（3）在"替换为"列表框中输入要更换的内容。

（4）确定好相关文本的格式后，可根据需要点击下列按钮：

"替换"按钮，将替换找到的文本，并继续查找下一处相同的文本。

"全部替换"按钮，将替换所有找到的文本。

"查找下一处"按钮，不替换当期找到的文本，继续查找下一处相同的文本。

4.2.6　显示文档

Word 为文档提供了多种不同的视图方式，方便用户浏览。默认的视图方式有"页面视图""阅读版式视图""Web 版式视图""大纲视图"和"草稿"。也可通过点击 Word 窗口右下角视图按钮区域的相应按钮进行切换，如图 4-2-3 所示。

图 4-2-2　查找和替换

图 4-2-3　显示视图切换按钮

4.2.7 拆分窗口和多窗口操作

1. 拆分窗口

为了方便对文档进行查阅和编辑，有时可以将工作区视图进行拆分，用来分别显示文档的不同位置的两个部分。拆分窗口的方法有：

方法一：点击"视图"选项卡"窗口"功能区的"拆分"按钮，窗口中出现一条灰色水平线，移动鼠标即可调整窗口到合适的大小，单击鼠标左键确认。

拆分出的两个窗口可分别控制显示文档的位置，拆分的窗口的大小也可以随时改变，只要将鼠标指针指向两个窗口的中间横线，指针变成上下箭头时，拖动鼠标调整即可。

方法二：鼠标指针指向垂直滚动条上端的小横条控件，当鼠标指针变成上下箭头时，即可拖动出灰色水平线，拆分窗口。

2. 多窗口操作

打开两个或两个以上 Word 文档，可以同时进行多窗口并排编辑，操作方法是：单击"视图"选项卡中"窗口"的功能区的"并排查看"按钮，如果只有两个 Word 文档，则立刻左右并排显示两个文档，并可同步滚动查看。如果不止两个 Word 文档，将弹出"并排比较"对话框，从中选取一个需要并排编辑的文档，则左右并排显示两个文档。

4.2.8 预览与打印文档

1. 打印预览

Word 文档最后经过打印机打印出的结果，可以预先通过预览的方式查看，预览的方式有：

方法一：点击快速访问工具栏的"打印预览和打印"按钮。

方法二：单击菜单"文件"→"打印"命令，可以打开预览窗口。

2. 打印文档

在打印预览窗口，对打印的文件效果满意后，即可对文档进行打印，可设置打印份数、打印机参数等。

 实践训练

1. 打开 Word 2010，录入下列文字。

数字峰会

数字峰会是推进数字中国建设的重要载体。本届峰会的主题是"以信息化驱动现代化，加快建设数字中国"，定位于为我国信息化发展提供政策发布平台、为电子政务和数字经济发展提供成果展示平台、为数字中国建设理论经验和实践提供交流平台。2018年 4 月 22 日，数字峰会在福建省福州市举行开幕式，中共中央总书记、国家主席、中央军委主席习近平发来贺信，向峰会的召开表示衷心的祝贺，向出席会议的各界人士表示热烈的欢迎。

---

2. 将上述文档以"数字中国建设峰会.docx"为文件名，保存在"Word"文件夹下。

3. 将文档中"2018 年 4 月 22 日，"开始的文字另起一段。

4. 将全文中的"数字峰会"替换为"数字中国建设峰会"。

理论练习

1. 以下（　　）是 Word 2010 文档。

A. 有福之州.pptx 　　　　　　　　　　B. 有福之州.jpeg

C. 有福之州.docx 　　　　　　　　　　D. 有福之州.pdf

2. 在 Word 2010 的编辑状态，当前正在编辑一个新文档"文档 1"，当执行"文件"菜单中的"保存"后（　　）。

A. 该"文档 1"被保存在桌面

B. 弹出"另存为"对话框，供进一步操作

C. 自动以"文档 1"为名存盘

D. "文档 1"将替换之前的文档

3. Word 2010 文档中的段落以（　　）为标志。

A. 句号 　　　　　B. 问号 　　　　　C. 回车符 　　　　　D. 空格

4. 在编辑 Word 2010 文档时，把几百处的"成功"都输入成"成攻"了，下列挽救的方法最可行的是（　　）。

A. 逐个修改 　　　　　　　　　　B. 使用格式刷

C. 使用"查找与替换" 　　　　　　D. 全文删除重新输入

5. 在 Word 2010 中，要选定整篇文本，可以用鼠标左键在文本左边空白处（　　）。

A. 单击 　　　　　B. 指向 　　　　　C. 双击 　　　　　D. 三击

6. 在 Word 2010 编辑状态，若要选择全文，可以使用的快捷键是（　　）。

A. Ctrl＋A 　　　　B. Ctrl＋N 　　　　C. Ctrl＋P 　　　　D. Ctrl＋S

7. 在 Word 2010 的编辑状态，"粘贴"操作的组合键是（　　）。

A. Ctrl＋Z 　　　　B. Ctrl＋C 　　　　C. Ctrl＋V 　　　　D. Ctrl＋X

8. 在 Word 2010 的编辑状态中，使插入点快速移动到文档末尾的操作是（　　）。

A. Shift＋Home 　　B. Alt＋End 　　　C. Ctrl＋End 　　　D. PgDn

9. 在文本选择区双击鼠标，可选定（　　）。

A. 一句 　　　　　　　　　　　　B. 一行

C. 一段 　　　　　　　　　　　　D. 整个文档

10. 打印文档时，以下页码范围（　　）有 4 页。

A. 2-6 　　　　　　　　　　　　B. 1,3-5,7

C. 1-2,4-5 　　　　　　　　　　D. 1,4

11. Word 2010 文档转换成纯文本文件时，一般使用（　　）。

A. 新建命令 　　　　　　　　　　B. 保存命令

C. 全部保存命令 　　　　　　　　D. 另存为命令

12. 在 Word 2010 文档中如果出现误操作,可以使用快速访问工具栏上( )按钮进行恢复。

    A. 保存   B. 撤销   C. 打开   D. 新建

13. 在 Word 2010 编辑状态下,可以使插入点快速移到文档首部的快捷键是( )。

    A. Alt＋Home   B. Ctrl＋Home   C. Home   D. PageUp

14. 在 Word 编辑状态下,删除光标前的字符,可以按( )。

    A. Backspace   B. Del   C. Ctrl＋P   D. Shift＋A

15. 在 Word 2010 的编辑状态,单击"粘贴"命令按钮后( )。

    A. 将文档中被选择的内容复制到当前插入点处

    B. 将文档中被选择的内容移到剪贴板

    C. 将剪贴板中的内容移到当前插入点处

    D. 将剪贴板中的内容复制到当前插入点处

16. 在 Word 2010 中,如果打开了两个以上的文档窗口,可以在( )功能区中选择并切换窗口。

    A. 打开   B. 编辑   C. 视图   D. 窗口

17. 在 Word 2010 中,各级标题层次分明的是( )。

    A. 草稿视图   B. Web 视图

    C. 页面视图   D. 大纲视图

18. 在 Word 2010 中,用拼音输入法输入单个汉字时,字母键的设置( )。

    A. 必须是大写   B. 必须是小写

    C. 大写、小写都可以   D. 可以大、小写混合使用

19. 在 Word 2010 的编辑状态,可以显示页面四角的视图方式是( )。

    A. 页面视图方式   B. 草稿视图方式

    C. 大纲视图方式   D. 所有视图方式

20. 在 Word 的( )视图方式下,可以显示分页效果。

    A. 大纲   B. 页面

    C. Web 版式   D. 阅读版式视图

实训练习

打开 Word 文件夹下的"word4-2-1.docx"文件,完成以下操作并保存。

1. 将文件中所有的"大国工匠"替换为"工匠"。

2. 将正文的第四段与第五段对调。

4.3　编排文档格式

考试要求

(1)熟练掌握文档的文字格式设置：字体、字号、颜色、下划线等；

(2)熟练掌握段落的格式化设置：行间距、首行缩进、边框和底纹；

(3)熟练掌握插入项目符号和编号的操作；

(4)掌握文档的分栏、首字下沉、文字方向等设置；

(5)熟练设置文档的页面格式、页眉和页脚、页码等。

知识讲解

4.3.1　文字的格式化

设置文字的格式化包括设置字体、字号、字形、颜色、字符边框、底纹、文本效果等。设置的方法有：

方法一：浮动工具栏。

在 Word 2010 中，当选中文本，并将鼠标指针指向被选中的文字区域的右上角时，会弹出一个半透明的浮动工具栏，可在浮动工具栏中快速设置常用的文本格式，如图 4-3-1 所示。

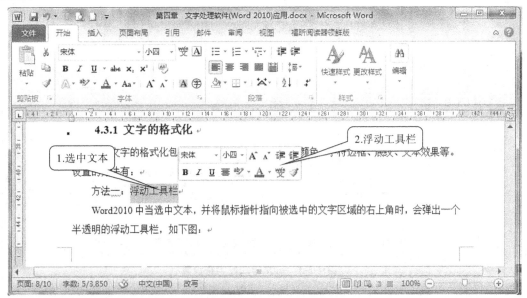

图 4-3-1　浮动工具栏

方法二："开始"选项卡的"字体"组功能区。

例题：打开 Word 文件夹下的"word4-2-1.docx"文件，完成以下操作并保存。

1. 将文章的标题设置为"黑体、四号、加粗"，颜色设置为"红色，强调文字颜色 2"。

2. 将正文第二段的字符设置为"宋体、小四号、倾斜、加下划线"，添加文本效果"填充-无，轮廓-强调文字颜色 2"。

操作步骤为：

1. 选中文章的标题，在"开始"选项卡的"字体"组功能区设置，如图 4-3-2 所示。

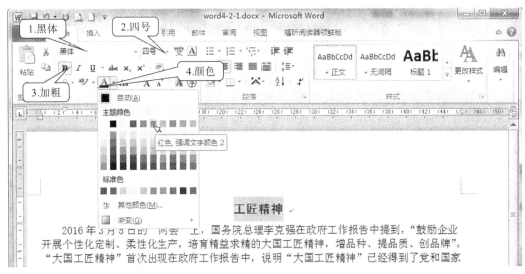

图 4-3-2　标题字符设置

2. 选中正文第二段的字符，在"字体"组功能区设置，如图 4-3-3 所示。

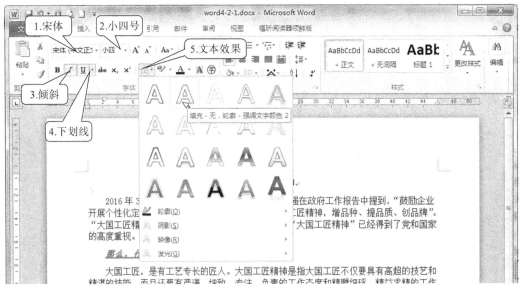

图 4-3-3　正文第二段字符设置

方法三：字体对话框。

字体对话框可用于设置字体、字号、字形、文字效果及高级设置等，可对字符间距进行设置，加宽或者紧缩选定的字符间距，还可以提升或降低字符的位置。

例题：打开 Word 文件夹下的"word4-2-1.docx"文件，完成以下操作并保存。

1. 将正文的第三段文字设置为"楷体、小四号、双实线下划线"。

2. 将正文的第三段文字设置为"字符间距缩放 150%，间距加宽 2 磅，位置提升 5 磅"。

操作步骤：

1. 选中正文第三段，点击"开始"选项卡"字体"组面板右下角的对话框启动器，进行设置，如图 4-3-4 所示。

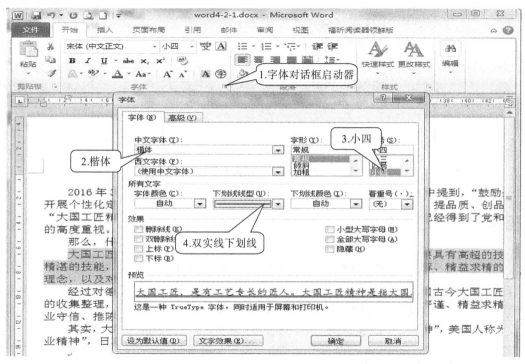

图 4-3-4　字体对话框"字体"设置

2. 再点击"字体"对话框的"高级"选项卡，进行设置，如图 4-3-5 所示。

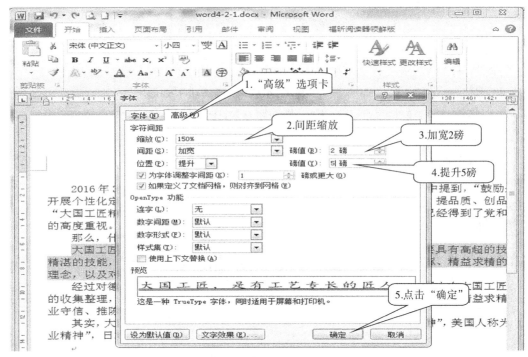

图 4-3-5 字体对话框"高级"选项卡设置

4.3.2 段落的格式化

Word 文档以"↵"为段落标记，表示一段的结束，按 Enter 键产生的新段落与上一段落有相同的格式。段落格式有对齐方式、行距、段前段后、缩进等，还可以根据需要加入项目符号、编号、边框、底纹等。常用段落格式的名称与效果见表 4-3-1。

表 4-3-1　Word 常用段落格式的名称与效果

类型	格式名称	格式效果
对齐方式	左对齐	段落以页面左边界为基准对齐，右边可能不整齐
	居中	段落以页面正中为基准对齐
	右对齐	段落以页面右边界为基准对齐，左边可能不整齐
	两端对齐	段落两端同时对齐，并根据需要增加字间距
	分散对齐	段落两端同时对齐，并根据需要增加字间距，每行不论字数多少都左右两边对齐
缩进方式	无缩进	系统默认缩进量为 0，无缩进
	首行缩进	段落首行的左边界移动到缩进值，其他各行保持与边界对齐
	悬挂缩进	段落首行与左边界对齐，其他各行移动到缩进值

续表

类型	格式名称	格式效果
行距	单倍行距	此选项将行距设置为该行最大字体的高度加上一小段额外间距。额外间距的大小取决于所用的字体
	1.5 倍行距	为单倍行距的 1.5 倍
	2 倍行距	为单倍行距的 2 倍
	最小值	此选项设置适应行上最大字体或图形所需的最小行距
	固定值	此选项设置固定行距（以磅为单位）
	多倍行距	此选项设置可以用大于 1 的数字表示的行距

　　例题：打开 Word 文件夹下的"word4-2-1.docx"文件，设置正文第一段为"两端对齐，左右分别缩进 1 个字符，首行缩进 2 个字符，段前和段后间距分别为 0.5 行，行距为固定值 20 磅"。

　　操作步骤为：

　　选中正文第一段，点击"开始"选项卡的"段落"组功能区的"段落"对话框启动器，如图 4-3-6 所示。

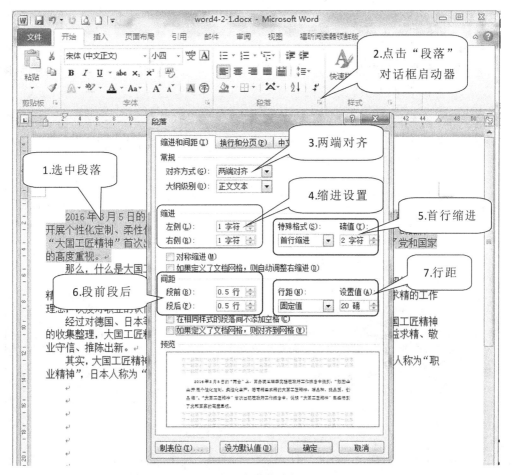

图 4-3-6　段落格式化设置

4.3.3 项目符号与编号

1. 项目符号

选中要添加项目符号的段落，在"开始"选项卡的"段落"组功能区，单击"项目符号"按钮，如图 4-3-7 所示，在下拉菜单中选择、设置项目符号。

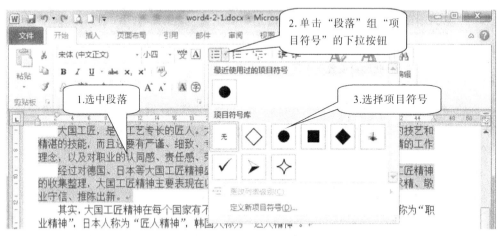

图 4-3-7　项目符号设置

2. 编号

选中要添加编号的段落，在"开始"选项卡的"段落"组功能区，单击"编号"按钮，如图 4-3-8 所示，在下拉菜单中选择、设置编号。

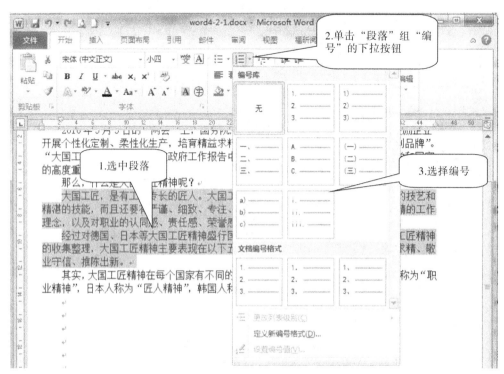

图 4-3-8　编号设置

4.3.4　分栏与首字下沉

1. 分栏

Word 文档的分栏设置在"页面布局"选项卡的"页面设置"组功能区,通过分栏按钮的下拉菜单中"更多分栏"对话框来操作。例如,要将正文最后一段设置为"三栏、栏间距 2 字符、带分割线",操作步骤如图 4-3-9 所示。

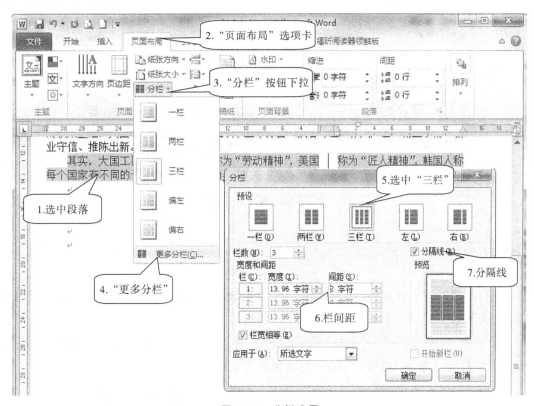

图 4-3-9　分栏设置

注意事项:分栏操作要将段落的段落标记"↵"选中,若要取消分栏,可以将段落设置为一栏,或者在分栏的段落最后的段落标记处,将段落标记"↵"删除两次。

2. 首字下沉

首字下沉是指将段落的第一个字符加大并下沉,突出显示首字。例如,将正文第三段的首字下沉 2 行,首字字体为隶书,距正文 0.2 厘米。操作步骤为:选中该段落(或光标在该段落),单击"插入"选项卡中的"文本"组功能区中的"首字下沉"下拉列表,在"首字下沉选项"对话框中进行相应设置,如图 4-3-10 所示。

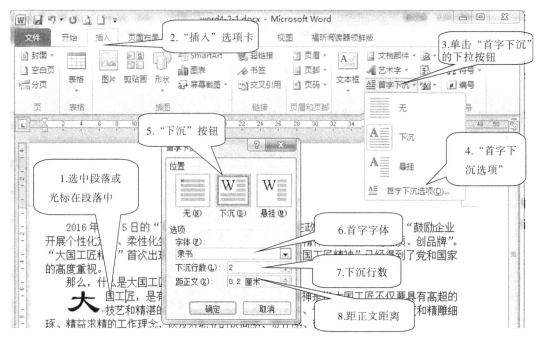

图 4-3-10　首字下沉设置

4.3.5　边框和底纹

在 Word 中可以对选中的文本设置边框和底纹,也可以对段落设置,还可以对页面设置。操作的方法有下列几种:

方法一:选中文本,单击"开始"选项卡中"字体"组功能区中的" $\boxed{A}$ ""字符边框"按钮、" $\boxed{A}$ ""字符底纹"按钮,可以对字符进行简单的边框和底纹设置。

方法二:选中文本或段落,单击"开始"选项卡中"段落"组功能区中的" $\boxed{\diamondsuit}$ ▾""底纹"按钮及其边上按钮" $\boxed{\boxplus}$ ▾"中下拉菜单的"边框底纹"对话框,可对选中的文本、段落或页面进行边框和底纹设置。

例题:打开 Word 文件夹下的"word4-2-1.docx"文件,完成以下操作并保存。

1. 设置正文第一段边框为"红色,波浪线样式方框"。

2. 设置正文第一段底纹为填充"深蓝,文字 2,淡色 50%"。

操作步骤为:

1. 选中正文第一段,单击"开始"选项卡"段落"组功能区按钮" $\boxed{\boxplus}$ ▾"下拉菜单的"边框和底纹" $\boxed{}$ 按钮,再在对话框面板中进行以下操作设置,如图 4-3-11 所示。

2. 继续设置底纹,点击"边框底纹"对话框的"底纹"选项卡,再在对话框面板中进行以下操作设置,如图 4-3-12 所示。

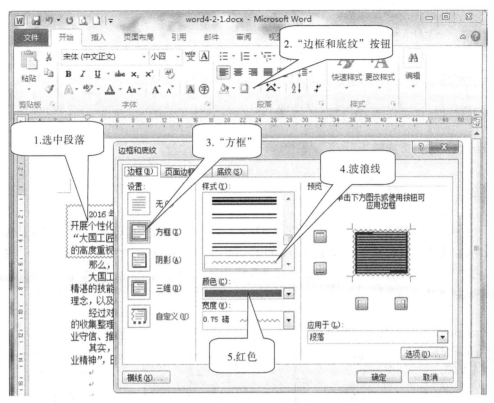

图 4-3-11　设置边框

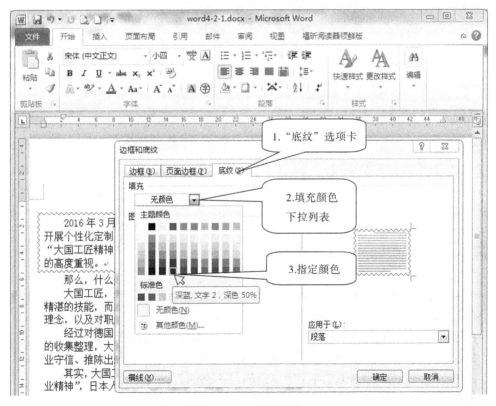

图 4-3-12　设置底纹

4.3.6 文字方向

在特殊情况下,文档的文字方向需要特殊的效果,如小报、古文、诗歌等版面需要竖排。设置竖排文字的方法是:选定文字,单击"页面布局"选项卡的"页面设置"中" 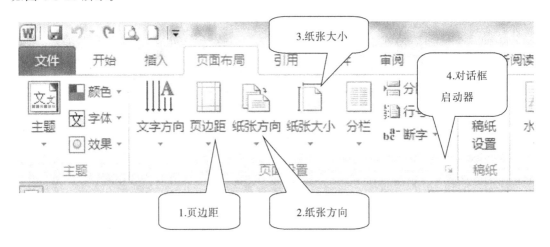文字方向"的下拉菜单,选择"文字方向选项"对话框设置。

4.3.7 页面设置

当一篇文档基本成型,在打印之前要进行页面设置,以符合打印所用的纸型以及控制打印效果。页面设置包括纸张大小、纸张方向、页边距等。可以通过"页面布局"选项卡的"页面设置"功能区中的按钮来设置,也可以点击该功能区中的对话框启动器来设置详细参数,如图 4-3-13 所示。

图 4-3-13 "页面布局"选项卡"页面设置"组功能区

"页面设置"对话框的使用,例如:设置当前文档为:1."纸张大小 A4,纸张方向横向";2."页边距为上、下各 2 厘米,左、右各 2 厘米";3."页眉、页脚距边界各 1.5 厘米"。对话框设置步骤如图 4-3-14 所示。

4.3.8 页眉和页脚

当 Word 文档有多页时,在每页的顶部和底部显示一些说明性的信息,如文档的章节名、标题、页码、页数、日期等,方便阅读,这就是页眉页脚。

例题:打开 Word 文件夹下的"word4-2-1. docx"文件,完成以下操作并保存。

1. 插入内置"空白型"页眉,输入页眉内容:"工匠精神"。

2. 在页面底端插入:"普通数字 2"样式页码,并设置页码格式的编号格式为"一,二,三,…"。

操作步骤为:

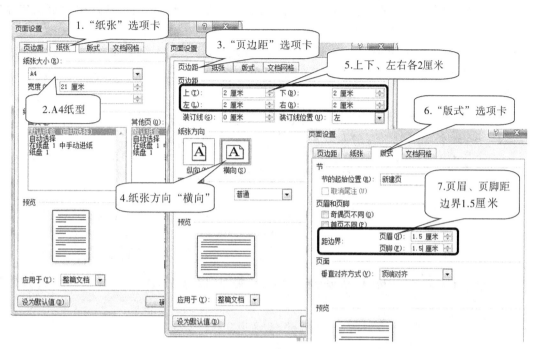

图 4-3-14　"页面设置"对话框的设置

1. 在"插入"选项卡的"页眉和页脚"组功能区,点击"页眉"按钮,选择"内置""空白"页眉,后在页眉"输入文字"处输入"工匠精神",如图 4-3-15 所示。

图 4-3-15　页眉样式设置

　　2. 在"插入"选项卡的"页眉和页脚"组功能区，点击"页码"下拉按钮，选择"页面底端"的"普通数字 2"样式，如图 4-3-16 所示。

　　3. 在插入页码后，Word 自动切换到"页眉和页脚工具"选项卡，点击"页眉页脚"组功能区的"页码"下拉菜单，单击"设置页码格式"后弹出对话框，设置页码的编号格式，如图 4-3-17 所示。

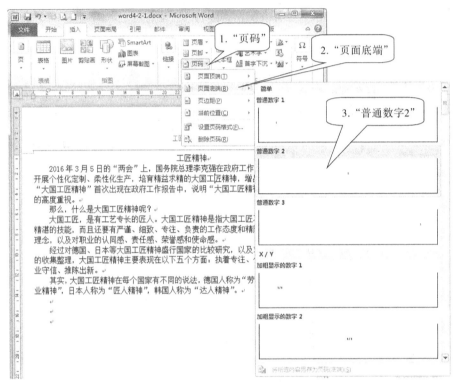

如图 4-3-16　页码设置

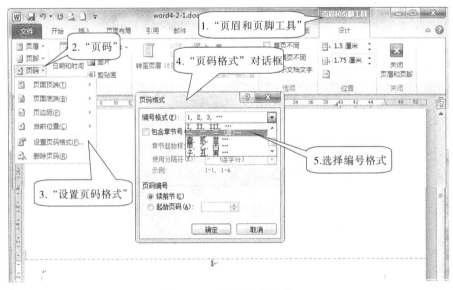

图 4-3-17　设置页码格式

理论练习

1. 在 Word 2010 中,要设置纸张大小,可以在(　　　)对话框中进行。

A. 页眉/页脚　　　　B. 页面设置　　　　C. 段落　　　　D. 字体

2. 在 Word 2010 中,右对齐的工具按钮是(　　　)。

A. 　　　　B. 　　　　C. 　　　　D.

3. 给选中的字符设置加粗效果的快捷键是(　　　)。

A. Ctrl+I　　　　B. Ctrl+B　　　　C. Ctrl+E　　　　D. Ctrl+U

4. 在 Word 2010 的编辑状态中,选择了文档全文,若在"段落"对话框中设置行距为 20 磅,应当选择"行距"列表框中的(　　　)。

A. 单倍行距　　　　B. 1.5 倍行距　　　　C. 固定值　　　　D. 多倍行距

5. "页眉和页脚"命令位于(　　　)选项卡的功能区面板中。

A. 页面布局　　　　B. 视图　　　　C. 插入　　　　D. 引用

6. 设置分栏的命令按钮位于功能区的(　　　)选项卡中。

A. 开始　　　　B. 插入　　　　C. 视图　　　　D. 页面布局

7. 在 Word 2010 中,需将每一页的页码放在页底部右端,正确的命令是使用(　　　)。

A. "插入"选项卡中的"页码"

B. "视图"选项卡中的"新建窗口"

C. "插入"选项卡中的"符号"

D. "页面布局"选项卡中的"主题"

8. 以下关于 Word 2010 的描述中,不正确的是(　　　)。

A. 设置行间距,使用"字体"功能区

B. 要添加水印效果,使用"页面背景"功能区

C. 要将文本转换成表格,使用"插入"选项卡

D. 要设置底纹,使用"页面布局"选项卡

9. 在 Word 2010 中,要在文档中添加符号"●",应该使用的命令位于(　　　)选项卡。

A. 文件　　　　B. 编辑　　　　C. 格式　　　　D. 插入

10. "首字下沉"按钮在(　　　)选项卡下。

A. 开始　　　　B. 插入　　　　C. 页面布局　　　　D. 视图

实训练习

打开 Word 文件夹下的"word4-3-1. docx"文件,完成以下操作并保存。

1. 设置页面纸张大小,宽为 22 厘米,高为 28 厘米,纸张方向为"横向"。

2. 设置页面页边距为上下各 2.5 厘米,左右各 2 厘米。

3. 设置正文各段为宋体,字号设置为小四;正文各段左右各缩进 2 个字符;各段首行缩进 2 个字符,段前、段后各 1 行。

4. 设置正文第 1 段字体颜色为蓝色,行距设置为固定值 18 磅。

5. 正文第 2 段添加黄色的底纹。

6. 设置正文第 3 段为两栏格式，加分隔线。

7. 设置正文第 2 段首字下沉 2 行，距正文 0.1 厘米。

8. 利用查找替换，将正文中所有"福州"一词添加波浪形下划线。

9. 为正文第 4、5、6 段添加项目符号"◆"。

10. 设置正文第 7 段为上下边框线，线型为双波浪线。

11. 为正文第 8 段加着重号。

12. 插入"空白"型页眉，页眉内容为"有福之州"。

13. 在页面底端插入"普通数字 3"样式页码，并将起始页码设置为"2"。

4.4　表格应用

考试要求

(1)熟练掌握表格的创建、文本转换为表格的方法；

(2)熟练掌握编辑和设置表格格式；

(3)掌握表格的排序与计算。

知识讲解

4.4.1　创建表格

Word 表格常见的有规则表格和不规则表格，由单元格组成，横向排列的单元格形成行，纵向排列的单元格形成列，每个单元格相互独立，可根据需要对单元格或相邻单元格进行编辑、格式化等操作。

在"插入"选项卡"表格"功能区的"表格"下拉菜单中，创建表格有如下方法：

方法一：在"表格"下拉菜单中小方格区，拖动鼠标左键，到合适的行数、列数，即可产生相应的行×列的表格。

方法二：点击"表格"下拉菜单中的"插入表格"，在弹出的"插入表格"对话框中进行相应参数设置，创建表格。

方法三：点击"表格"下拉菜单中的"绘制表格"，在文档的工作区域中，用鼠标拖动左键，任意绘制需要的表格。

方法四：点击"表格"下拉菜单中的"Excel 电子表格"，插入电子表格。

方法五：点击"表格"下拉菜单中的"快速表格"，插入 Word 中内置样式的表格。

上述方法如图 4-4-1 所示。

在 Word 中也可以将文档中规则工整的文本转换为表格（该文本应该是：每行使用段落标记，对应的每一列有分隔符，如空格、逗号等），如图 4-4-2 所示。

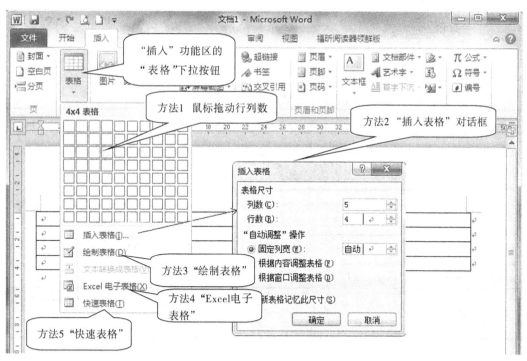

图 4-4-1　表格创建方法

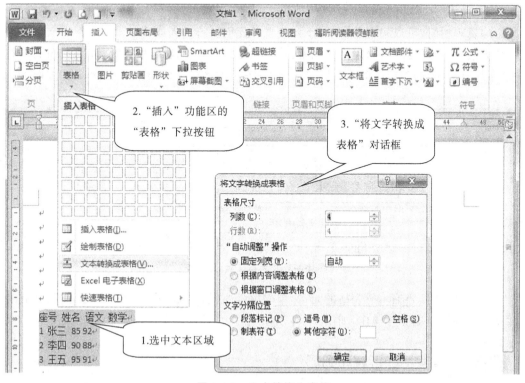

图 4-4-2　文本转换为表格

4.4.2　表格的选定

表格选定的方法如表 4-4-1 所示。

表 4-4-1　表格的选定

表格元素	选定方法
单元格	将鼠标左键指向单元格的左边，鼠标指针会变成右向黑色"↖"，单击左键选中单元格
行	将鼠标左键指向行的左边，鼠标指针会变成右向空心"↖"，单击左键选中整行
列	将鼠标左键指向列的上边，鼠标指针会变成向下黑色"↓"，单击左键选中整列
连续多个单元格	将鼠标左键按下，拖动到要选择的多个单元格
整个表格	可将鼠标指向表格的左上方，会出现"✛"图标，点击该图标，即可选中整个表格。或用鼠标拖选所有的行列

4.4.3　单元格、行和列的插入与删除

编辑表格时，可以根据需要对行、列或者单元格进行插入或删除。

方法一：选择要编辑的表格的元素，Word"表格工具"选项卡中有"设计"和"布局"两项，在"布局"选项卡的功能区面板中即可对行、列或者单元格进行操作，如图 4-4-3 所示。

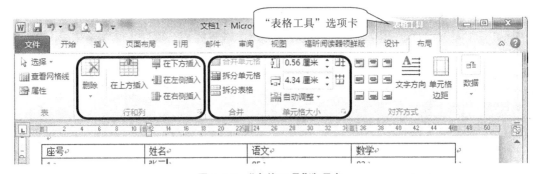

图 4-4-3　"表格工具"选项卡

方法二：选择要编辑的表格的元素，单击鼠标右键，弹出快捷菜单，即可对行、列或者单元格进行插入与删除等操作，如图 4-4-4 所示。

4.4.4　调整表格的行高和列宽

表格制成后，可以根据需要调整表格的行高和列宽，方法如下：

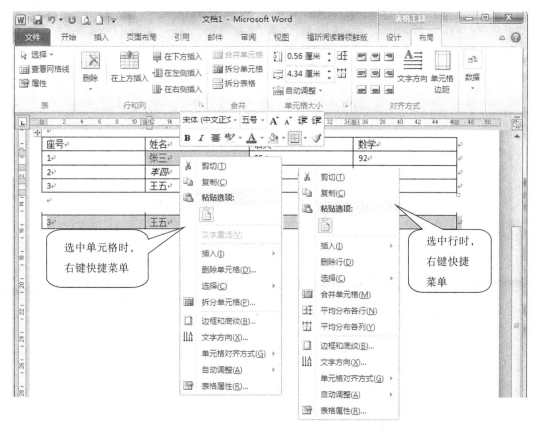

图 4-4-4 表格元素的右键菜单操作

方法一: 粗略调整, 将鼠标指针指向要调整的行或者列的边框线, 当指针变成 "⇷" 或者 "↔" 时, 即可拖动调整行高或列宽了。

方法二: 通过横、竖的标尺滑块来调整行高、列宽, 如图 4-4-5 所示。

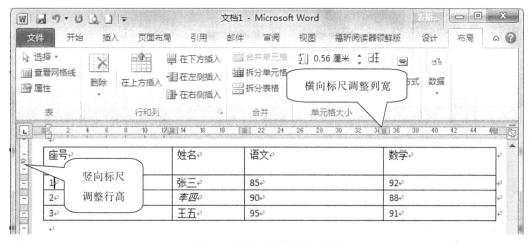

图 4-4-5 标尺调整行高、列宽

　　方法三：通过选定表格后右键的"表格属性"对话框精确调整行高、列宽，如图 4-4-6 所示。

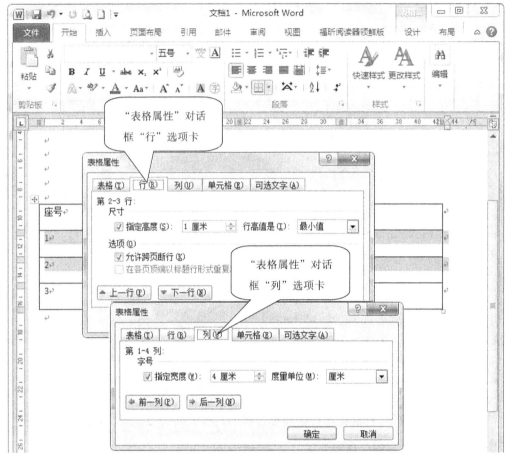

图 4-4-6　"表格属性"对话框

4.4.5　调整单元格的对齐方式

　　单元格的对齐方式有九种："靠上两端对齐""靠上居中对齐""靠上右对齐""中部两端对齐""水平居中""中部右对齐""靠下两端对齐""靠下居中对齐""靠下右对齐"。设置方法：在选中表格元素后，右键弹出的快捷菜单中选择"单元格对齐方式"子菜单，或者在"布局"选项卡的"对齐方式"组功能区中选择一种对齐方式，如图 4-4-7 所示。

4.4.6　单元格的合并与拆分

1. 单元格的合并

　　选定要合并的单元格，右击快捷菜单后选择"合并单元格"（或通过"表格工具"的"布局"选项卡里的"合并"组功能区按钮）。

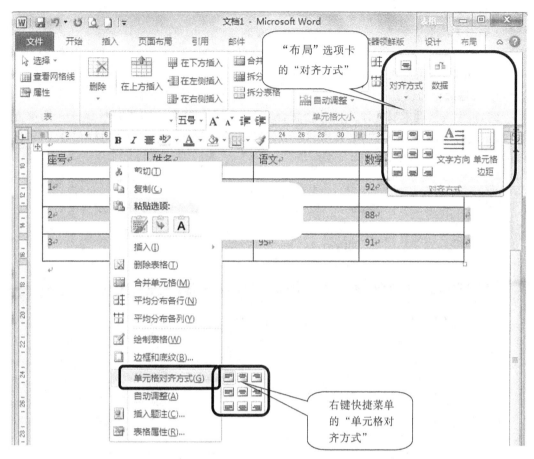

图 4-4-7　设置单元格对齐方式

2. 单元格的拆分

可以将某个单元格拆分成若干行和若干列，通过右击快捷菜单的"拆分单元格"对话框设置，如图 4-4-8 所示。

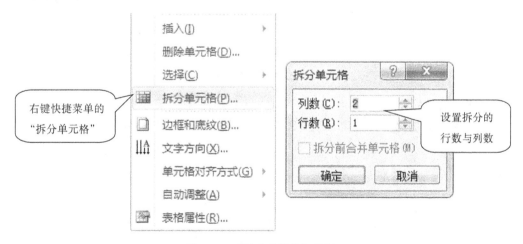

图 4-4-8　"拆分单元格"对话框

4.4.7 表格的修饰

表格的修饰，可对表格设置边框和底纹。

1. 表格边框的设置

例如，为表格设置双线样式的外边框，线宽 0.75 磅，内框线为点划线样式。操作方法为：选定表格，右击快捷菜单，选择"边框和底纹"对话框命令，在弹出的"边框和底纹"对话框中的"边框"选项卡设置，如图 4-4-9 所示。

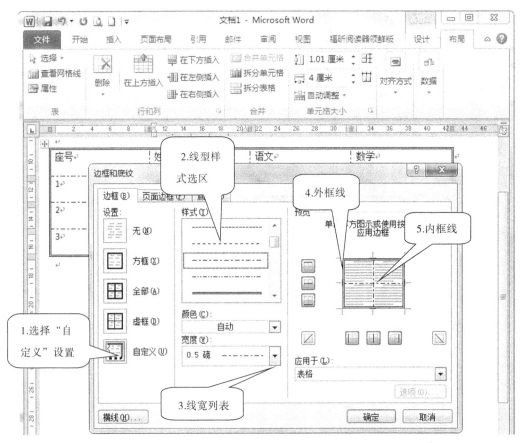

图 4-4-9 "边框"选项卡的设置

2. 表格底纹的设置

例如，将表格的第一行设为"橙色"底纹填充，设置操作如图 4-4-10 所示。

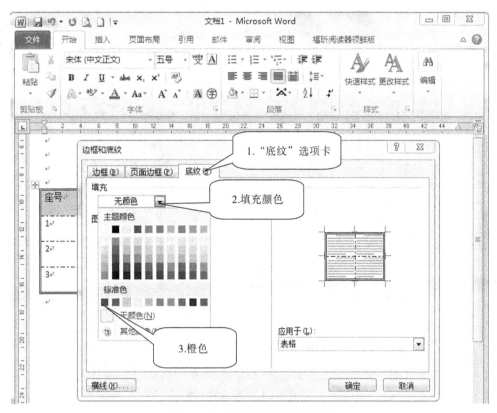

图 4-4-10 "底纹"选项卡的设置

4.4.8 表格的排序与计算

1. 表格的排序

例如，将成绩表按"语文"成绩升序排列，操作方法如图 4-4-11 所示。

2. 表格的计算

Word 表格常用的计算函数有 SUM（求和函数）、AVERAGE（求平均值函数）、COUNT（计数函数，统计表格中含有数值的单元格的个数）、MAX（求最大值函数）、MIN（求最小值函数）。

函数常用的参数有：LEFT（当前单元格左侧同行中所有包含数字的单元格）、RIGHT（当前单元格右侧同行中所有包含数字的单元格）、ABOVE（当前单元格上面同列中所有包含数字的单元格）。

例如，求表格中"数学"的总分，先定位要计算的单元格，操作步骤如图 4-4-12 所示。

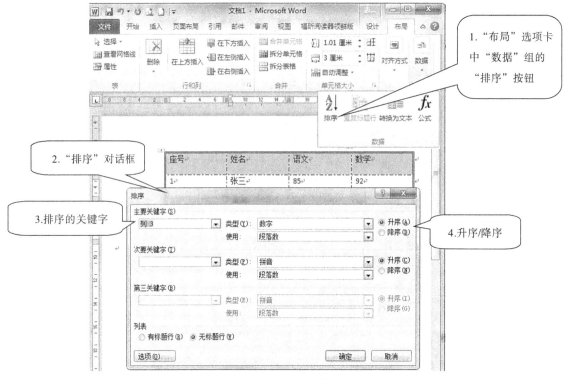

图 4-4-11　表格的排序

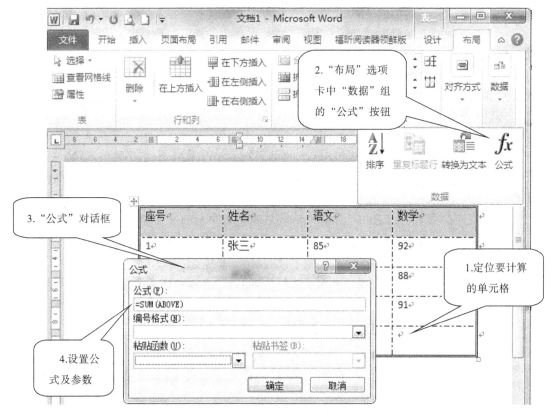

图 4-4-12　表格的计算

理论练习

1. 在对 Word 表格进行处理时，下列说法不正确的是（　　）。

A. 能够平均分配表格的行高和列宽

B. 能够设定指定单元格区域的边框，但不能设置底纹

C. 既能拆分表格，也能合并表格

D. 能够利用拖动方式调整表格的行高和列宽

2. 在 Word 2010 编辑状态下，绘制表格的视图格式为（　　）。

A. 草稿视图　　　　　B. 页面视图　　　　　C. 大纲视图　　　　　D. 阅读视图

3. 在 Word 2010 表格中，如果将两个单元格合并，原有两个单元格的内容（　　）。

A. 不合并　　　　　B. 完全合并　　　　　C. 部分合并　　　　　D. 有条件地合并

4. 将光标移至表格的最后一个单元格外，按（　　）键可以在表格的最后一行后添加一新行。

A. Ctrl　　　　　B. Shift　　　　　C. Alt　　　　　D. Enter

5. 利用"插入表格"按钮可以快速插入一个最大为（　　）的表格。

A. 8 行 10 列　　　　　B. 10 行 10 列　　　　　C. 7 行 7 列　　　　　D. 10 行 8 列

6. 合并与拆分操作一般在（　　）选项卡中进行。

A. 开始　　　　　B. 插入　　　　　C. 布局　　　　　D. 引用

7. 给表格添加边框和底纹是在（　　）选项卡中进行的。

A. 页面布局　　　　　B. 布局　　　　　C. 设计　　　　　D. 插入

8. 在"将文字转换成表格"对话框中的"文字分隔位置"选项组中，应选择（　　）单选按钮。

A. 制表符　　　　　B. 空格　　　　　C. 逗号　　　　　D. 段落标记

实训练习

打开 Word 文件夹下的"word4-4-1.docx"文件，完成以下操作并保存。

1. 将文件中标题除外的按制表符对齐的文本转换为表格。

2. 计算生成的表格中"单价"这一列最后一个单元格的"平均单价"。

3. 计算生成的表格中"销售数量"这一列最后一个单元格的"总数"。

4. 在文档末尾创建一个 5 行 4 列的表格，并将表格第一列合并为一个单元格。

5. 将表格第 2 列设置为浅绿色底纹。

6. 将表格的外框线设置为双实线，内边框线设置为第三种线型。

7. 将表格单元格对齐方式设置为水平居中。

8. 在文稿的最后再插入一个 3 行 3 列的表格，设置行高 2 厘米，列宽 3 厘米，单元格水平居中；设置外框线为红色 1.5 磅单实线，内框线为绿色 0.5 磅单实线。

9. 将第 1 列的第 2 至第 3 行单元格合并，将第 1 行第 1 列单元格平均拆分为 2 行 2 列。

4.5　图文混排

考试要求

(1)理解并掌握文本框的作用,能熟练使用文本框;

(2)熟练掌握在文档中插入并编辑图片、艺术字、剪贴画、图表;

(3)熟练掌握对文档中的图、文、表进行混合编排。

知识讲解

4.5.1　文本框的使用

文本框是文档中独立的对象,可以将文本框中的内容单独编辑排版,不受周围文字的影响,Word 中有众多内置样式的文本框,还可自行绘制横排和竖排文本框,插入文本框如图 4-5-1 所示。

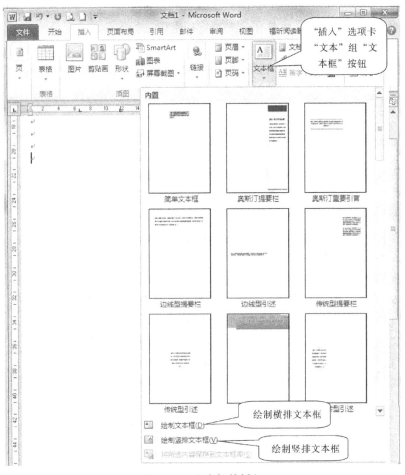

图 4-5-1　文本框的插入

4.5.2　图片的插入和编辑

Word 中可以插入来自文件的图片和绘制自选图形，也可以插入剪贴画、图表、SmartArt 和屏幕截图等。图片的编辑包括设置图形的位置、大小、形状轮廓、颜色、阴影效果、文字环绕等。

Word 的文字环绕方式有嵌入型、四周型、紧密型、穿越型、上下型、衬于文字下方、浮于文字上方七种。

例题：打开 Word 文件夹下的"word4-5-1.docx"文件，完成以下操作并保存。

1. 在正文第一段后插入一段，后插入 Word 文件夹下的"4-5-1.jpg"图片文件。

2. 图片缩放为原图的 50%，文字环绕方式为"上下型文字环绕"。

操作步骤为：

1. 鼠标指针定位到正文第一段后，按 Enter 键插入一个段落，后点击"插入"选项卡"插图"组功能区的"图片"按钮，弹出"插入图片"对话框，选择指定路径的文件夹与文件名，如图 4-5-2 所示。

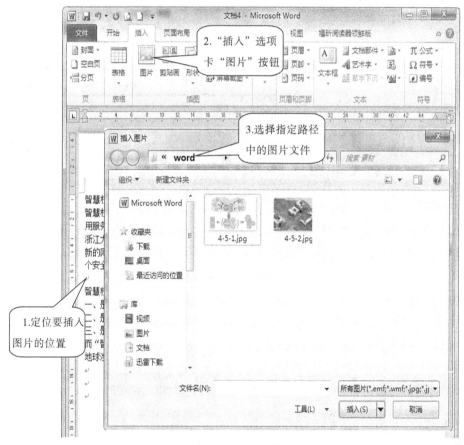

图 4-5-2　插入图片

2. 编辑图片的大小和文字环绕方式，在文档中右击刚插入的图片，选择快捷菜单中的

"大小和位置",在"布局"对话框中进行设置,如图 4-5-3、图 4-5-4 所示。

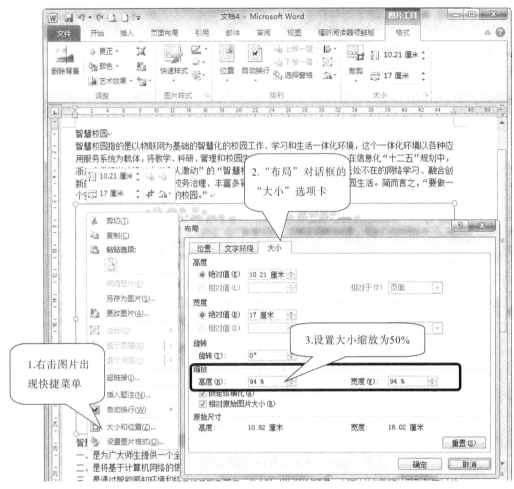

图 4-5-3　图片大小的设置

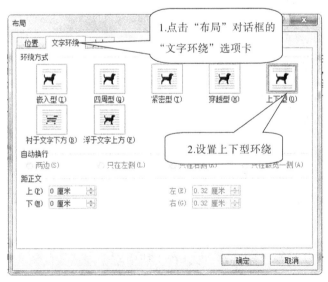

图 4-5-4　"布局"对话框的文字环绕设置

4.5.3　绘制图形

在 Word 中绘制图形,可以使用内置的自选图形、形状,包括线条、矩形、箭头、流程图、星与旗帜、标注等。用户可以通过"插入"选项卡"插图"组功能区的"形状"按钮来插入各种图形。

自行绘制图形后,可以对图形进行对象格式的设置,操作方法与 4.5.2 节"图片的插入和编辑"相同。

4.5.4　插入艺术字

Word 自带了多种特殊配色和效果处理的艺术字库,用户可以从中选择漂亮的艺术字样式,创建出艺术字,作为一个对象插入文档中。插入文档中的艺术字可以编辑设置文字格式,也可以设置位置、文字环绕、大小等。

例如,将文档"word4-5-1.docx"的标题行"智慧校园"作为艺术字插入,艺术字样式为样式列表中的第 3 行第 5 列,并将其设置为"顶端居左,四周型环绕"。操作步骤:首先插入艺术字并设置样式,如图 4-5-5 所示;接着设置位置与文字环绕,如图 4-5-6、图 4-5-7 所示。

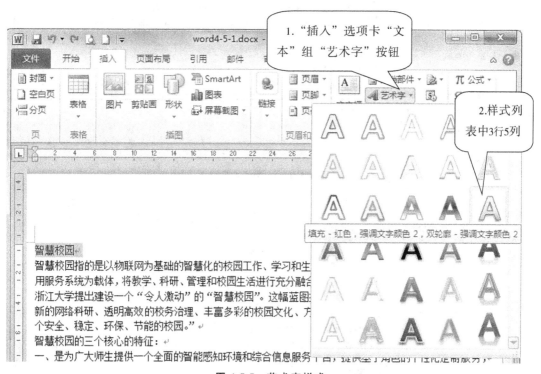

图 4-5-5　艺术字样式

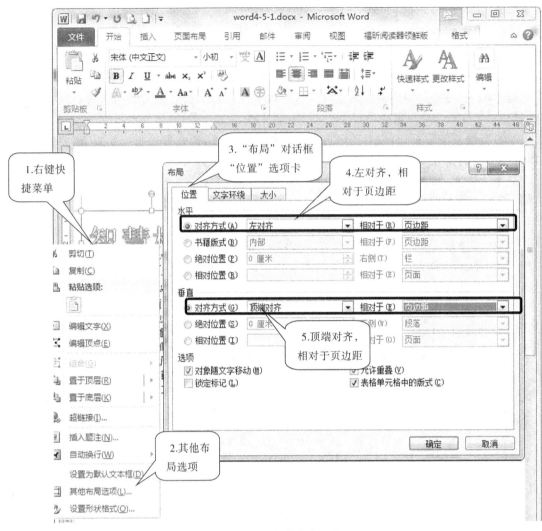

图 4-5-6　设置艺术字位置

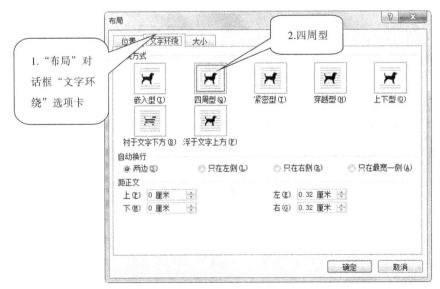

图 4-5-7　设置艺术字文字环绕

4.5.5 插入图表

Word 中可以插入多种数据图表,用于直观展示数据和比较数据。常用的图表有柱形图、条形图、折线图、饼图、面积图、散点图、股价图、曲面图、圆环图、气泡图、雷达图等。

例如,将"word4-5-2.docx"文档的表格,作成"簇状柱形图"。图表元素有数据、类别、图例,说明如图 4-5-8 所示。

图表的类别
（默认X轴）

图表的图例
（Y轴）

年度	华南销量	华东销量	华北销量
2015	1000	850	800
2016	1200	940	700
2017	1100	1000	900
2018	1500	980	1050

图 4-5-8 图表元素说明

操作步骤如下:

第一步:插入图表,如图 4-5-9 所示。

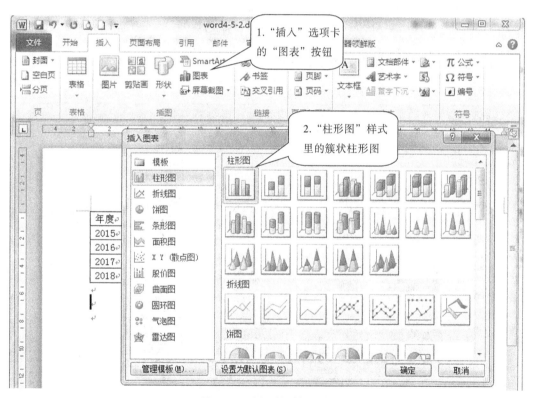

1. "插入"选项卡的"图表"按钮

2. "柱形图"样式里的簇状柱形图

图 4-5-9 插入簇状柱形图

第二步:设置图表数据。在插入簇状柱形图后系统会在指定位置生成默认的簇状柱形图,同时右边自动弹出 Excel 表格,这时需要将左边 Word 中表格的数据复制到右边 Excel

表格指定的位置中,如图 4-5-10 所示。

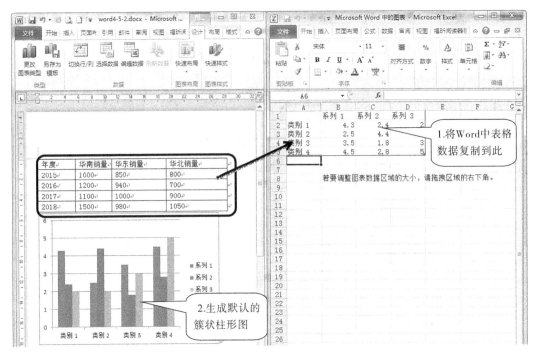

图 4-5-10   设置图表数据

第三步:最后生成的图表如图 4-5-11 所示。

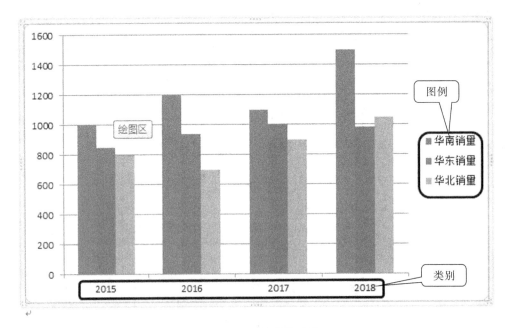

图 4-5-11   簇状柱形图

理论练习

1. 在 Word 中,对插入文档中的图片不能进行的操作是(　　)。

A. 放大或缩小　　　　　　　　　　　B. 移动

C. 修改图片中的图形　　　　　　　　D. 裁剪

2. 在 Word 2010 中插入一幅图片,若要将图片设置为背景,其环绕方式必须设置为(　　)。

A. 上下型　　　　B. 衬于文字下方　　　　C. 四周型　　　　D. 浮于文字上方

3. 在 Word 2010 编辑状态下插入文本框,应使用的选项卡是(　　)。

A. 插入　　　　B. 表格　　　　C. 编辑　　　　D. 工具

4. 图片和剪贴画的插入是在(　　)选项卡中进行的。

A. 开始　　　　B. 布局　　　　C. 设计　　　　D. 插入

5. 插入自选项图形时,单击(　　)按钮。

A. 图片　　　　B. 剪贴画　　　　C. 形状　　　　D. 图表

6. 系统默认图片插入的版式是(　　)。

A. 嵌入式　　　　B. 浮于文字上方　　　　C. 四周环绕型　　　　D. 紧密型

实训练习

打开 Word 文件夹下的"word4-5-3. docx"文件,完成以下操作并保存。

1. 设置标题"智慧校园"为艺术字,艺术字样式为"第 4 行第 2 列"。

2. 艺术字的文字环绕方式为"顶端居左,四周型环绕"。

3. 在文档的最后插入图片"4-5-2. jpg",图片缩放为原图的 20%,文字环绕方式为"顶端居右,四周型环绕"。

4. 在文档的最后,使用文档的表格,制作"三维簇状条形图"。

第5章 电子表格处理软件(Excel 2010)的应用

本章要点

1. 认识 Excel 2010；
2. 工作表的编辑；
3. Excel 工作表的格式化；
4. Excel 公式与函数的应用；
5. Excel 的数据处理；
6. 运用图表表现数据；
7. Excel 2010 的页面设置与打印。

5.1　认识 Excel 2010

考试要求

(1) 理解中文 Excel 2010 的功能；
(2) 理解电子表格中工作簿、工作表、单元格等基本概念；
(3) 熟练掌握电子表格文件的创建、编辑、保存以及打开、关闭的方法。

知识讲解

5.1.1　Excel 2010 的功能

Excel 2010 是 Microsoft 公司开发的 Office 2010 系列办公软件的组件之一，可以用来制作电子表格，完成数据运算，进行数据分析和预测，并且具有强大的制作图表的功能，还可以用来制作网页。因具有友好的人机界面和强大的计算能力，已成为广大用户管理公司和个人财务、统计数据、绘制专业化表格的重要工具。它的主要功能包括：

(1) 制作表格。制作各种表格，并且可以对表格进行格式设置和美化。

(2) 数据加工处理。包括数据筛选、排序、分类汇总等。

(3)数据统计。可以通过相关计算公式或软件自带的函数快速完成各种数据计算和统计。

(4)数据图表分析。可以基于数据制作各种类型图表,直观反映数据趋势或结构等信息,为决策提供有效支持。

5.1.2 Excel 2010 的启动与退出

1. 启动 Excel 2010

方法一:双击桌面 Excel 2010 快捷方式图标;

方法二:单击"开始"→"所有程序"→"Microsoft Office"→"Microsoft Excel 2010"菜单项;

方法三:双击任意一个已有的 Excel 2010 文档。

2. 退出 Excel 2010

方法一:单击 Excel 2010 窗口标题栏右边的"关闭"按钮;

方法二:单击菜单"文件"→"退出"菜单项;

方法三:同时按键盘快捷键 Alt+F4。

5.1.3 Excel 2010 的工作界面

Excel 窗口与 Word 窗口布局相似,由标题栏、菜单栏、工具栏、编辑栏、状态栏等组成,Excel 2010 启动后的主窗口界面如图 5-1-1 所示。

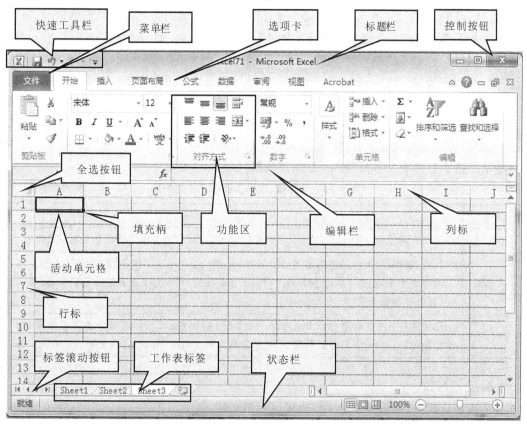

图 5-1-1 Excel 2010 主窗口界面及相关功能布局

5.1.4 Excel 的基本概念

1. 工作簿

工作簿是 Excel 2010 用来运算和存储数据的文件。一个工作簿就是一个 Excel 文件，其扩展名为"xlsx"。启动 Excel 后，系统自动创建一个默认文件名为"工作簿 1"的工作簿。一个工作簿由若干个工作表组成。

2. 工作表

工作表是 Excel 中进行数据存储和处理的主要文档，也称为电子表格，由排列成行或列的单元格组成。其中，各行左侧纵向的阿拉伯数字，表示该行的行号，对应称为第 1 行、第 2 行等；工作表各列上方的大写英文字母，表示该列的名字，对应称为 A 列、B 列等。一个工作表最多可以达到 1048576 行、16384 列。

新建一个 Excel 工作簿，默认包含 3 个工作表，名称分别为 Sheet1、Sheet2、Sheet3，其中工作表标签为白色的表示当前工作表。工作表名称显示在工作表标签上，右击工作表标签，可以对工作表进行重新命名、插入、复制、移动和删除等操作。

3. 单元格

工作表中行列交叉位置的小方格就是一个单元格，是 Excel 2010 存储数据的基本单位。由行和列交叉形成，一张工作表共有 16384 列（A 到 XFD）×1048576 行（1～1048576），相当于 17179869184 个单元格。单元格的地址由列标＋行号进行确定，有时也称为单元格名字，如 A1 单元格、E6 单元格等。多个连续的单元格组成的区域称为单元格区域，可用该区域左上角和右下角单元地址来表示，中间用冒号":"分隔，如"A2:F5"表示从单元格 A2 到 F5 的区域。

4. 活动单元格

活动单元格是指 Excel 表格中处于激活状态的单元格，单击某个单元格，这个单元格就成为活动单元格，可以是正在编辑的，也可以是选取的范围中的。被选取的单元格，其边框会变成粗黑框，它的地址会出现在数据编辑栏的名称框中，内容会显示在编辑栏中。只有在活动单元格中方可输入字符、数字、日期等数据。

表 5-1-1　工作簿、工作表和单元格的关系

名称	概念及相关关系
工作簿	一个工作簿就是一个 Excel 文件，其扩展名为"xlsx"。一个工作簿由若干个工作表组成
工作表	由排列成行或列的单元格组成的电子表格，新建一个 Excel 工作簿，默认包含 3 个工作表，名称分别为 Sheet1、Sheet2、Sheet3。右击工作表标签，可以对工作表进行重新命名、插入、复制、移动和删除等操作
单元格	工作表中行列交叉位置的小方格就是一个单元格，是 Excel 2010 存储数据的基本单位。单元格的地址由列标＋行号进行确定，有时也称为单元格名字，如 A1 单元格、E6 单元格等

5. 全选按钮

单击该按钮，可以选择整个工作表中所有单元格。

6. 名称框

显示当前所在单元格或单元格区域的名称。

7. 编辑栏

主要用于显示、编辑当前单元格的内容,如图 5-1-2 所示。

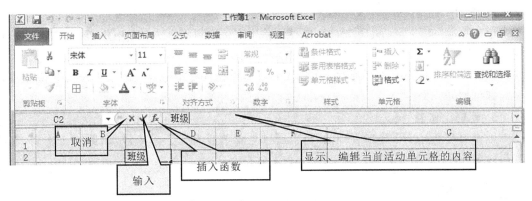

图 5-1-2　编辑栏

8. 填充柄

填充柄为活动单元格右下角的小黑块,鼠标指针指向它时指针变成十字形,按住鼠标拖动填充柄可以按某种规律填充相同数据、数据序列及公式等。

5.1.5　工作簿的管理

1. 新建工作簿

单击菜单"文件"→"新建",在弹出的列表框中双击"空白工作簿"按钮;也可以直接按键盘上的 Ctrl＋N 键。通过新建方式创建工作簿操作界面如图 5-1-3 所示。

图 5-1-3　创建 Excel 2010 工作文档

2. 保存工作簿

单击菜单"文件"→"保存"命令，若是首次保存，系统将会弹出"另存为"对话框，选择好保存位置，输入文件名，再单击"保存"按钮，即可保存文档；也可以直接按键盘上的 Ctrl＋S 键；还可以单击快速访问工具栏上的保存按钮（🖫 ）。

3. 关闭工作簿

单击菜单"文件"→"关闭"命令，也可以单击文档窗口右上方的"关闭"按钮（❎ ）。

4. 打开工作簿

在计算机中找到想要打开的工作簿文件名或快捷方式图标，双击该工作簿或快捷方式图标即可打开。

5. 管理工作表

工作表是通过工作簿来管理的，可以通过主菜单或右键菜单来添加、删除工作表，修改工作表名，改变工作表的排放顺序。

✅ 实践训练

1. 新建工作簿，以你的名字保存在桌面。

2. 把以你名字保存的工作簿另存到 D:\，文件名为"班级＋你的名字"。

3. 打开以你名字命名的工作簿，把 Sheet1 重命名为"课程表"。

4. 在课程表前面插入一张工作表，命名为"作息时间表"。

5. 删除 Sheet2。

6. 把 Sheet3 移动到课程表和作息时间表中间。

7. 复制作息时间表到课程表后，并命名为"夏季作息时间表"。

第 1 题：

双击桌面 Excel 2010 图标或单击"开始"→"所有程序"→"Microsoft Office"→"Microsoft Excel 2010"菜单项，打开一个 Excel 2010 文档，在"文件"选项中选择"新建"选项，在右侧选择"空白工作簿"后点击界面右下角的"创建"图标就可以新建一个空白的表格。点击空白表格左上角"文件"→"保存"菜单项，在弹出的"另存为"对话框中，选择文件的保存位置为桌面，并更改文件名为你的名字后，点击"保存"按钮即完成相关操作。

第 2 题：

打开工作簿，点击"文件"→"另存为"菜单项，在弹出的"另存为"对话框中，将保存位置设置为 D:\，并在文件名输入栏重新输入"班级＋你的名字"，即可完成。

第 3 题：

双击以你名字命名的工作簿，右击工作表标签栏的 Sheet1，在弹出的对话框中，选择"重命名"命令，并在黑显后的 Sheet1 标签位置重新输入"课程表"即可完成。

第 4 题：

双击以你名字命名的工作簿，右击工作表标签栏的 Sheet1，在弹出的对话框中，选择"插入"命令，在弹出的对话框中选择"工作表"，并按题 3 中的步骤进行重命名，如图 5-1-4 所示。

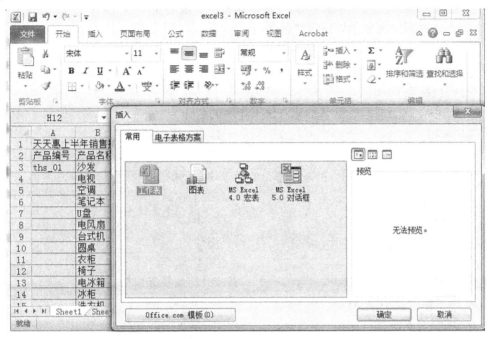

图 5-1-4　插入工作表

第 5 题：

右击工作簿中的 Sheet2 标签，在下拉菜单中点击"删除"按钮即可。

第 6 题：

单击 Sheet3 并按住鼠标，直接将鼠标移动到课程表和作息时间表中间后松开鼠标，即可将 Sheet3 移动到目标位置。

第 7 题：

右击作息时间表标签，点击下拉菜单中"移动或复制"命令，在弹出的对话框中选择将选定的工作表移至课程表后，并按题 3 中操作步骤将其命名为"夏季作息时间表"即可。

理论练习

1. 下列操作能启动 Excel 2010 软件的是(　　　)。

A. 单击"我的电脑"中的"Microsoft Office"图标

B. 单击桌面上的"我的电脑"图标，然后选择"程序"选项

C. 选择"所有程序"菜单中的"Microsoft Office"选项

D. 单击"开始"→"所有程序"→"Microsoft Office"→"Microsoft Office Excel 2010"

2. Excel 2010 属于(　　　)公司的产品。

A. IBM　　　　　　B. Microsoft　　　　　　C. Apple　　　　　　D. WPS

3. Excel 2010 工作簿默认的文件扩展名为(　　　)。

A. docx　　　　　　B. xlsx　　　　　　C. pptx　　　　　　D. txt

4. 在 Excel 2010 中，工作表最多允许有(　　)行。

A. 128　　　　　　B. 256　　　　　　C. 512　　　　　　D. 1048576

5. 新建一个 Excel 2010 工作簿,下面操作不能实现的是( )。

A. 单击"文件"菜单中的"新建"命令

B. 单击常用工具栏中的"新建"按钮

C. 按快捷键 Ctrl＋W

D. 按快捷键 Ctrl＋N

6. 新建一个工作簿后,默认的第一张工作表的名称为( )。

A. Book1   B. Excel 2010

C. Sheet1   D. 表 1

7. 在 Excel 2010 环境中,用来存储和处理工作数据的文件称为( )。

A. 工作表   B. 工作簿

C. 数据库   D. 图表

8. 在 Excel 2010 中,当前工作簿的文件名显示在( )。

A. 标题栏   B. 任务栏

C. 工具栏   D. 其他任务窗格

9. 编辑框中显示的是( )。

A. 删除的数据   B. 被复制的数据

C. 当前单元格的数据   D. 没有显示

10. "工作表"是由行和列组成的表格,分别用( )区别。

A. 字母和字母   B. 数字和数字

C. 字母和数字   D. 数字和字母

实训练习

1. 按以下的操作步骤要求进行操作。

(1)新建工作簿,保存在桌面,文件名为"佳佳文具店 9 月份销售统计表"。

(2)把"佳佳文具店 9 月份销售统计表.xlsx"复制到 D:\,重命名为"班级学习用品采购单"。

(3)打开"班级学习用品采购单.xlsx"工作簿,把 Sheet1 重命名为"文具采购单"。

2. 按以下的操作步骤要求进行操作。

(1)新建工作簿,保存在 D:\,文件名为"班干部信息表"。

(2)把"班干部信息表.xlsx"工作簿另存到桌面,文件名为"计算机专业班干部信息表.xlsx"。

(3)打开"计算机专业班干部信息表.xlsx"工作簿,把 Sheet1 重命名为"网络班",Sheet2 重命名为"平面班",Sheet3 重命名为"动漫班"。

(4)在平面班前面插入一张工作表,命名为"多媒体班"。

5.2 工作表的编辑

(1)熟练掌握输入、编辑和修改工作表中数据的方法;

(2)熟练掌握插入单元格、行、列的方法;

(3)熟练掌握工作表的更名、插入、复制、移动等基本操作。

5.2.1 工作表区域选定

1. 单元格的选定

方法:在打开的 Excel 2010 文档工作表中,鼠标单击任何单元格,则该单元格即选定的活动单元格。

2. 选定单元格区域

区域是一组单元格,若想选定工作表中连续的单元格区域,用鼠标单击所选区域的左上角,然后按住鼠标左键拖动鼠标到合适范围再松开。如果要选定不连续的多个单元格区域,可在选定一个区域后,按住 Ctrl 键,再拖动鼠标选取其他单元格或单元格区域。

3. 选定整行或整列

单击行号可选定某行,单击列标可选定某列。可以配合使用 Shift 键选定连续的多行或多列,使用 Ctrl 键选定不连续的多行或多列。

表 5-2-1 单元格及单元格区域的选定操作方法

选取区域	操作方法
单元格	单击该单元格
整行(列)	单击工作表相应的行号(列号)
整张工作表	单击工作表左上角行列交叉按钮,或者同时按 Ctrl＋A
相邻行(列)	指针拖过相邻的行号(列号)
不相邻行(列)	选定第一行(列)后,按 Ctrl 键的同时再选择其他行(列)
相邻单元格区域	单击区域左上角单元格,拖至右下角,或按 Shift 键的同时再单击右下角单元格
不相邻单元格区域	选定第一个区域后,按 Ctrl 键的同时再选择其他区域

如果要取消单元格或单元格区域的选定,单击工作表中任意一个单元格即可。

5.2.2 向单元格中输入数据

单击单元格即可在单元格中输入、编辑、修改数据。一个单元格的数据输入完之后,按 Tab 键、方向键或单击下一个单元格都可以选取需要输入数据的下一个单元格。若要在单元格中另起一行输入数据,可按 Alt+Enter 输入一个换行符。

在 Excel 2010 单元格中可输入的数据大致可分成两类:

类型一:可计算的数字数据。由数字 0~9 及一些符号(如小数点、+、-、$、%等)组成,例如 11.36、-50、$330、80% 都是数字数据。日期与时间也属于数字数据,只不过会含有少量的文字或符号,如 2018/05/10、08:30 PM、5 月 26 日等。

类型二:不可计算的文字资料。包括中文字样、英文字元、数字的组合(如身份证号码)。不过,数字资料有时也可当成文字输入,如电话号码、邮政区号等。

输入的数据类型可以通过"设置单元格格式"进行设置,具体操作步骤为:首先选定将要输入数据的单元格或单元格区域,单击"开始"→"单元格"→"格式"下拉按钮,在弹出的列表中选择"设置单元格格式"命令,或右击选定单元格,在弹出的快捷菜单中选择"设置单元格格式"命令,打开"设置单元格格式"对话框,如图 5-2-1 所示,在"数字"选项卡的"分类"列表中选择相应的数据类型(如文本、数值等)。

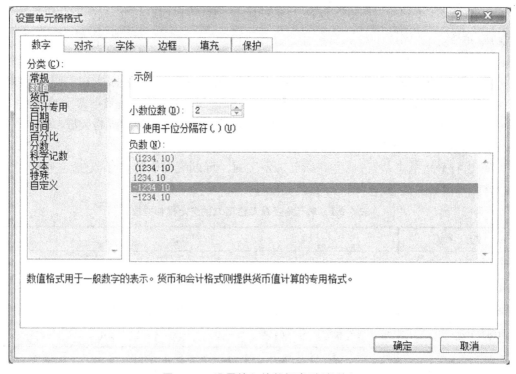

图 5-2-1 设置输入的数据类型(数值)

不管是文字还是数字,其输入程序都是一样的,应首先选定单元格。操作方式主要有三种:

方法一:单击目标单元格直接输入。

方法二:双击目标单元格,单元格中会出现插入光标,将光标移动到所需要位置后,即可输入数据。

方法三:单击目标单元格,再单击编辑栏,在编辑栏中输入、编辑或修改数据,如图 5-2-3所示。

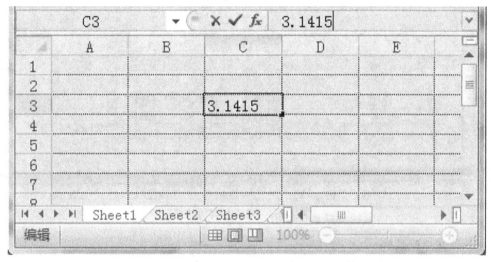

图 5-2-3　输入单元格数据

5.2.3　向单元格中填充数据

为提高数据输入工作效率,Excel 2010 提供了自动填充数据的功能,可填充的数据类型包括相同数据、序列数据及公式等。

1. 填充相同的数据

在工作表中,将选取的单元格中的内容复制到工作表中的其他单元格或单元格区域,仅输入一次即可完成。具体操作方法有两种:

方法一:右键单击(选定)要进行填充的数据内容(单元格),按对话菜单中的"复制"选项,右键单击(选定)要填充的单元格或单元格区域,按对话菜单中的"粘贴"选项,即可将需要复制的数据填充到所选定的单元格或单元格区域。

方法二:选定要输入相同数据的单元格,然后在活动单元格中输入数据,最后按 Ctrl+Enter 键,即可实现在所选定单元格或单元格区域输入相同的数据,输入效果如图 5-2-4所示。

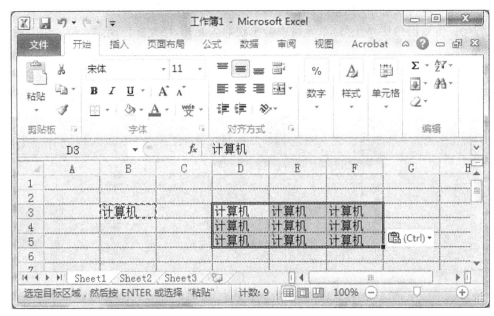

图 5-2-4　填充相同的数据

2. 填充序列数据

单击选定要进行数据填充的区域的第一个单元格，然后在此单元格中输入序列起始值，再将鼠标指向填充柄，当鼠标指针形状变为"＋"字形时，按住鼠标左键不放向目标位置拖动填充柄，即可完成数据自动填充，如图 5-2-5 所示。

图 5-2-5　运用填充柄填充序列数据

此外，还可以通过"填充"命令实现等差序列、等比序列、日期等自动填充。操作步骤如下：单击"开始"选项卡→"编辑"组→"填充"按钮，在打开的下拉列表中选择"序列"命令，如图 5-2-6 所示，在该对话框中，可指定序列产生的方式为"行"或"列"，类型分别为"等差序列""等比序列""日期""自动填充"。

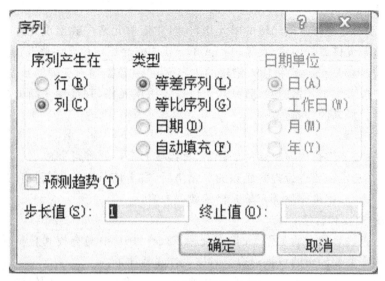

图 5-2-6　"序列"数据对话框

3. 填充公式

首先在第一个单元格中输入公式,然后使用鼠标拖动填充柄即可,填充的是公式而不是公式计算结果,如图 5-2-7 所示。

	A	B	C	D	E	F	G	H
1	学号	姓名	性别	语文	数学	英语	政治	总分
2	20170101	王杰	男	76	79	74	88	317
3	20170102	田天	女	68	81	49	48	246
4	20170103	张小川	男	81	65	67	59	272
5	20170104	李莉	女	86	88	91	57	322
6	20170105	陈辰	女	69	90	78	89	326
7	20170106	张伟健	男	76	78	92	68	314
8	20170107	刘涵雨	女	56	67	78	54	255
9	20170108	罗啸	男	90	78	67	52	287
10	20170109	李强	女	67	91	87	44	289
11	20170110	张辉	男	81	79	91	77	328

H2 　　fx　=D2+E2+F2+G2

图 5-2-7　填充公式

5.2.4　单元格数据编辑

在输入数据的过程中若发现某单元格内数据输入错误需要修改,或者要对已输入的内容进一步编辑完善,这就涉及单元格数据的编辑功能,主要包括数据修改、删除、查找、替换等功能。

1. 数据的修改

方法一：双击需要修改或编辑的单元格，这时在该单元格中会出现光标，同时在编辑栏中也会显示该单元格数据内容，在编辑栏或单元格中将光标定位到要修改的字符右侧。

方法二：按 Backspace 键将输入错误的内容删除，并重新输入正确的数据内容。

如果要修改整个单元格的数据内容，可以选定该单元格，直接输入新的数据内容，新的内容将自动替代原来的内容。

2. 数据的删除

方法一：选定要进行内容删除的单元格，直接按 Delete 键即可完成。

方法二：在选定需要进行内容删除的单元格后，右击该单元格，在弹出的快捷菜单中选择"清除内容"命令，即可删除选定单元格的数据内容。

3. 数据的查找和替换

在编辑数据内容较多的工作表时，可使用 Excel 2010 中的查找和替换功能快速、准确地查找和替换所需要编辑的数据内容。具体操作步骤如下：

打开需要编辑的工作表，按下组合快捷键 Ctrl＋F 将弹出"查找和替换"对话框，如图 5-2-8 所示。

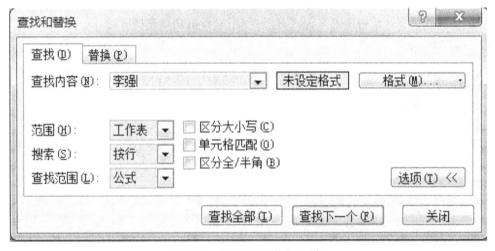

图 5-2-8　"查找和替换"对话框

如果要在当前工作表中查找需要的内容，可以在"范围"中选择"工作表"；如果要在整个 Excel 工作簿（Excel 文件）中查找所需要的内容，可以在"范围"中选择"工作簿"然后单击"查找全部"。

如果需要将查找到的内容替换为别的内容，可以在弹出的"查找和替换"对话框中单击"替换"选项卡，在"查找内容"和"替换为"文本框中分别输入要查找和要替换的文本，然后单击"全部替换"即可。也可以打开需要编辑的工作表，同时按下 Ctrl＋H 组合快捷键将弹出"查找和替换"对话框，如图 5-2-9 所示，可在整个工作簿中查找"李强"并将其替换为"张三"。

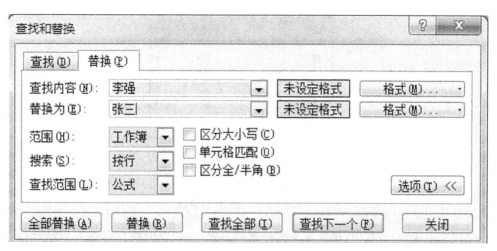

图 5-2-9　"查找和替换"对话框——替换

5.2.5　插入与删除单元格

1. 在 Excel 工作表中插入单元格的操作步骤

(1)选定需要插入单元格的位置,使之成为活动单元格。

(2)在所选的单元格上右击,在弹出的快捷菜单中选择"插入"命令,打开"插入"对话框,如图 5-2-10 所示。或者单击"开始"→"单元格"→"插入"下拉按钮,在弹出的下拉列表中选择"插入单元格"命令。

图 5-2-10　"插入"对话框

(3)选择单元格的插入方式,即活动单元格右移或下移,单击"确定"按钮。

2. 在 Excel 工作表中删除单元格的操作步骤

(1)选定要删除的单元格或单元格区域。

(2)在所选的单元格上右击,在弹出的快捷菜单中选择"删除"命令,打开"删除"对话框,如图 5-2-11 所示。或者,单击"开始"→"单元格"→"删除"下拉按钮,在弹出的下拉列表中选择"删除单元格"命令。

图 5-2-11　"删除"对话框

（3）在"删除"对话框中，根据需要选择删除方式（右侧单元格左移或下方单元格上移），单击"确定"按钮即可完成。

3. 在 Excel 工作表中插入行的操作步骤

（1）在工作表中单击选定一个行号。

（2）单击"开始"→"单元格"→"插入"下拉按钮，在弹出的下拉列表中选择"插入工作表行"命令；或者右击所选定的行，在弹出的快捷菜单中选择"插入"命令，即可将一个空白行插入指定位置。插入后，原来选定的行依次下移一行。

4. 在 Excel 工作表中插入列的操作步骤

（1）在工作表中单击选定一个列号。

（2）单击"开始"→"单元格"→"插入"下拉按钮，在弹出的下拉列表中选择"插入工作表列"命令；或者右击所选定的列，在弹出的快捷菜单中选择"插入"命令，即可将一个空白列插入指定位置。插入后，原来选定的列依次右移一列。

如果需要连续插入多行或多列，可以选定多行或多列，再进行相关插入操作，可实现将选定行或列数目相同的行或列插入指定位置。

5. 在 Excel 工作表中删除行和列的操作步骤

（1）单击选定工作表中拟删除的行或者列。

（2）右击所选定的行或列，在弹出的快捷菜单中选择"删除"命令，或者单击"开始"→"单元格"→"删除"下拉按钮，在弹出的下拉列表中选择"删除工作表行"或"删除工作表列"命令，即可将所选定的行或列删除。

5.2.6　移动与复制单元格

1. 移动单元格的操作步骤

（1）在工作表中选择要移动的单元格或单元格区域。

（2）在"开始"选项卡的"剪贴板"组中，单击"剪切"按钮，或在选中的单元格上右击，在弹出的快捷菜单中选择"剪切"命令，或按 Ctrl+X 组合键。

（3）右击目标位置单元格，在弹出的快捷菜单中选择"粘贴"命令，或按 Ctrl+V 组合键。或者，选定目标位置单元格，单击"开始"→"剪贴板"→"粘贴"按钮，即可将选定单元格或单元格区域的内容移动到目标位置的单元格或单元格区域中。

2. 复制单元格的操作步骤

(1)在工作表中选定要复制的单元格或单元格区域。

(2)在"开始"选项卡的"剪贴板"组中,单击"复制"按钮,或在选中的单元格上右击,在弹出的快捷菜单中选择"复制"命令,或按 Ctrl+C 组合键。

(3)右击目标位置单元格,在弹出的快捷菜单中选择"粘贴"命令,或按 Ctrl+V 组合键。或者,选定目标位置单元格,单击"开始"→"剪贴板"→"粘贴"按钮,即可将选定单元格或单元格区域的内容复制到目标位置的单元格或单元格区域中。

3. 移动行和列的操作步骤

(1)在工作表中选择要移动的行或列。

(2)在"开始"选项卡的"剪贴板"组中,单击"剪切"按钮,或在选中的行或列上右击,在弹出的快捷菜单中选择"剪切"命令,或按 Ctrl+X 组合键。

(3)单击"开始"→"单元格"→"插入"下拉按钮,在弹出的下拉列表中选择"插入剪切的单元格"命令,或右击,在弹出的快捷菜单中选择"插入剪切的单元格"命令,即可将选定的行或列中的内容移动到目标位置中。

4. 复制行和列的操作步骤

(1)在工作表中选择要复制的行或列。

(2)在"开始"选项卡的"剪贴板"组中,单击"复制"按钮,或在选中的行或列上右击,在弹出的快捷菜单中选择"复制"命令,或按 Ctrl+C 组合键。

(3)单击"开始"→"单元格"→"插入"下拉按钮,在弹出的下拉列表中选择"插入复制的单元格"命令,或右击,在弹出的快捷菜单中选择"插入复制的单元格"命令,即可将选定的行或列中的内容复制到目标位置中。

5.2.7　合并与拆分单元格

1. 合并单元格操作

选定需要进行合并的两个或多个位于同一行或者同一列的单元格或单元格区域,单击"开始"→"对齐方式"→"合并后居中"下拉按钮,在弹出的下拉列表中选择"合并单元格"命令,即可将选定的单元格或单元格区域进行合并。

2. 拆分单元格操作

单击选中要拆分的单元格,单击"开始"→"对齐方式"→"合并后居中"下拉按钮,在弹出的下拉列表中选择"取消单元格合并"命令,即可将合并的单元格进行拆分。

5.2.8　修改行高和列宽

Excel 2010 默认的单元格宽度为 8.38 字符宽,在工作表数据输入的过程中,由于数据输入量或展现大小不同,经常需要根据输入数据量对列的宽度或行的高度进行调节,以达到更好的表格效果。调整行高和列宽的操作方法主要有:

方法一:使用鼠标拖动调整。将鼠标指针移动到工作表两个行序号之间,当鼠标指针变为指向上下方向的双向箭头时,按住鼠标左键不放,向上或向下拖动,就会缩小或增加行高,释放鼠标左键,则行高调整完毕。调整列宽的操作方法与此类似。

方法二:使用鼠标快速调整。将鼠标指针移动到行号/列号间的分隔线上,当鼠标指针变成指向上下/左右方向的双向箭头时,双击即可完成行高/列宽的快速调整。

方法三:使用"行高"/"列宽"对话框设置。选定要调整列宽或行高的列或行,单击"开始"→"单元格"→"格式"下拉按钮,或在行号/列号上右击,在弹出的快捷菜单中选择"行高"/"列宽"命令,打开"行高"/"列宽"对话框,输入要设定的数值后单击"确定"按钮即可。

实践训练

1. 打开 Excel 2010,新建一个工作簿。

2. 请将如图 5-2-12 所示的表格中的数据输入到工作簿的 Sheet1 工作表中。

3. 将 3~9 行的行高设为 30,将编号、姓名、总计的列宽设为 9,身份证号码列宽设为 25,入职时间列宽设为 18,基本工资、加班补贴和出差补贴列宽设为 12。

4. 将 Sheet1 工作表复制到 Sheet2 中,并把 Sheet2 中的身份证号码一列删除。

5. 在加班补贴前插入一列,命名为"午餐补贴",每人 200 元。

6. 将甲和丁两行位置互换。

7. 保存文件,文件名为"浩宇公司 2018 年 12 月工资表",如图 5-2-13 所示。

编号	姓名	身份证号码	入职时间	基本工资	加班补贴	出差补贴	总计
			浩宇公司2018年12月工资表				
001	甲	350104199805050143	2017年6月1日	1100	600	50	¥1,750
002	乙	350104199805050144	2017年6月2日	1150	600	100	¥1,850
003	丙	350104199805050145	2017年6月3日	1200	600	200	¥2,000
004	丁	350104199805050146	2017年6月4日	1250	600	400	¥2,250
005	戊	350104199805050147	2017年6月5日	1300	600	800	¥2,700
006	己	350104199805050148	2017年6月6日	1350	600	1600	¥3,550

图 5-2-12 文稿录入

编号	姓名	入职时间	基本工资	午餐补贴	加班补贴	出差补贴	总计
		浩宇公司2018年12月工资表					
004	丁	2017年6月4日	1250	200	600	400	¥2,450
002	乙	2017年6月2日	1150	200	600	100	¥2,050
003	丙	2017年6月3日	1200	200	600	200	¥2,200
001	甲	2017年6月1日	1100	200	600	50	¥1,950
005	戊	2017年6月5日	1300	200	600	800	¥2,900
006	己	2017年6月6日	1350	200	600	1600	¥3,750

图 5-2-13 单元格编辑

第 1 题：

桌面选中"Microsoft Office Excel 2010"图标，双击或右键选择打开。

第 2 题：

选择 B2:J2，单击"开始"菜单→"对齐方式"→"合并后居中"，在 B2 单元格输入"浩宇公司 2018 年 12 月工资表"。设置 B4:B9 和 D4:D9 单元格格式为文本：单击"开始"菜单→"数字"→"文本"。设置 E4:E9 单元格格式为日期：单击"开始"菜单→"数字"→"日期"。设置 I4:I9 单元格格式为货币：单击"开始"菜单→"数字"→"货币"。按照样文输入。

第 3 题：

选择 3～9 行，右击，选择"行高"，在弹出的对话框中，输入 30，"确定"；选择编号、姓名、总计 3 列，右击，选择"列宽"，在弹出的对话框中，输入 9，"确定"；同样的方法设置身份证号码、入职时间、基本工资、加班补贴和出差补贴列。

第 4 题：

点击 Sheet1 的全选按钮，点击右键→"复制"，切换到 Sheet2，在全选按钮处点击右键→"保留原格式粘贴"；选择身份证号码一列，右键→"删除"。

第 5 题：

选中加班补贴一列，右键→"插入"，输入"午餐补贴"和 200。

第 6 题：

选择甲所在的行，右键→"剪切"，然后选择丁所在的行，右键→"插入已剪切的单元格"；选择丁所在的行，右键→"剪切"，然后选择乙所在的行，右键→"插入已剪切的单元格"。

第 7 题：

单击"开始"菜单→"保存"，保存位置为桌面，在"另存为"对话框中的文件名中输入"浩宇公司 2018 年 12 月工资表"。

理论练习

1. 在 Excel 2010 中，单元格地址指的是(　　　)。

A. 单元格所在的工作表　　　　　　　　B. 每一个单元格

C. 单元格在工作表中的位置　　　　　　D. 每一个单元格的大小

2. 在 Excel 2010 中，用(　　　)功能区中的"图表"命令来插入饼图。

A. 视图　　　　　　　B. 开始　　　　　　　C. 插入　　　　　　　D. 页面布局

3. 在 Excel 2010 中，单击鼠标左键时按键盘上的(　　　)键，可以实现选取多个连续的单元格。

A. Tab　　　　　　　B. Alt　　　　　　　C. Shift　　　　　　　D. Ctrl

4. 在 Excel 2010 中，单击鼠标左键时按键盘上的(　　　)键，可以实现选取多个不连续的单元格。

A. Tab　　　　　　　B. Alt　　　　　　　C. Shift　　　　　　　D. Ctrl

5. 在 Excel 2010 中，填充柄位于(　　　)。

A. 工具栏　　　　　　　　　　　　　　B. 状态栏

C. 功能区　　　　　　　　　　　　　　D. 当前单元格的右下角

6. 如在编辑栏中输入对 B3 和 D9 区域的引用，则应输入的是(　　　)。

A. B3-D9　　　　　　B. B3:D9　　　　　　C. B3 * D9　　　　　　D. B3|D9

7. 在 Excel 2010 中，选中单元格，执行"删除单元格"命令时（　　）。

A. 将删除该单元格所在行　　　　　　　B. 将删除该单元格所在列

C. 弹出"删除"对话框　　　　　　　　　D. 将彻底删除该单元格

8. 下列关于 Excel 2010 单元格的描述中不正确的是（　　）。

A. 可直接单击选取不连续的多个单元格

B. 一个单元格中的文字格式可以不同

C. 双击要编辑的单元格，插入点将出现在该单元格中

D. Excel 中可以合并单元格但不能拆分单元格

9. 在 Excel 2010 中，若单元格的数字显示为一串"#"符号，应采取的措施是（　　）。

A. 删除数字，重新输入

B. 改变列的宽度，重新输入

C. 扩充行高，使相应数字显示出来

D. 列的宽度调整到足够大，使相应数字显示出来

10. Excel 2010 中，如果单元格 C3 中为甲，那么向下拖动填充柄到 C5，则 C5 中应为（　　）。

A. 乙　　　　　　　　B. 丙　　　　　　　　C. 丁　　　　　　　　D. 不能填充

实训练习

1. 按以下的操作步骤要求进行操作。

(1)打开 Excel 2010，新建一个工作簿，工作簿命名为"佳佳文具店 9 月份销售统计表"。

(2)请将如图 5-2-14 所示的表格中的数据输入工作簿的 Sheet1 工作表中。

	A	B	C	D	E
1	佳佳文具店9月份销售统计表				
2	序列	品类	单价（元）	销量	销售额（元）
3	1	夹板	5.6	265	1484
4	2	橡皮擦	0.9	890	801
5	3	铅笔	0.5	1250	625
6	4	笔袋	7.5	630	4725
7	5	文件袋	6.5	2000	13000
8	6	彩铅	18.8	750	14100
9	7	作文本	7.3	1800	13140
10	8	英语作业本	2.5	930	2325
11	9	数学作业本	2.0	1486	2972
12	10	涂改液	2.2	935	2057
13	11	书包	125.0	50	6250
14	12	勾线笔	32.5	584	18980
15					

图 5-2-14　表格数据输入

(3)将 2～14 行的行高设为 20,将序列的列宽设为 5,单价(元)和销量的列宽设为 10,销售额(元)列宽设为 15。

(4)将 Sheet1 工作表复制到 Sheet2 中,并把 Sheet2 中的作文本、英语作业本和数学作业本所在行删除。

(5)在 Sheet2 的销售额(元)前插入一列,命名为"批发价",如图 5-2-15 所示。

(6)将批发价移到单价(元)前面。

(7)保存文件。

	A	B	C	D	E	F
1			佳佳文具店9月份销售统计表			
2	序列	品类	批发价	单价(元)	销量	销售额(元)
3	1	夹板	2.8	5.6	265	1484
4	2	橡皮擦	0.5	0.9	890	801
5	3	铅笔	0.2	0.5	1250	625
6	4	笔袋	3.7	7.5	630	4725
7	5	文件袋	2.8	6.5	2000	13000
8	6	彩铅	8.5	18.8	750	14100
9	10	涂改液	3.3	2.2	935	2057
10	11	书包	76	125.0	50	6250
11	12	勾线笔	17.5	32.5	584	18980
12						

图 5-2-15　表格数据输入

2. 按以下的操作步骤要求进行操作。

(1)打开 Excel 2010,新建一个工作簿,工作簿命名为"学生违纪名单"。

(2)请将如图 5-2-16 所示的表格中的数据输入工作簿的 Sheet1 工作表中。

	A	B	C	D	E	F
1			学生违纪名单			
2	学号	学生姓名	班级	违纪情况	违纪时间	扣分情况
3	2018001	许多多	会计	迟到	6月5日	0.5
4	2018002	刘一诚	室内设计	早退	6月5日	0.5
5	2018003	林夕	计算机	旷课	6月5日	1.0
6	2018004	吴非同	计算机	迟到	6月5日	0.5
7	2018005	林辉	会计	旷课	6月5日	1.0
8	2018006	丁香	会计	旷课	6月6日	1.0
9	2018007	陈毅辉	服装	迟到	6月6日	0.5
10	2018008	张云其	计算机	旷课	6月6日	1.0
11	2018009	郑子和	服装	迟到	6月6日	0.5
12	2018010	何泽园	会计	迟到	6月6日	0.5
13	2018011	陈欣泽	服装	迟到	6月6日	0.5
14	2018012	郑仁义	计算机	旷课	6月6日	1.0
15	2018013	杨青沁	服装	旷课	6月7日	1.0
16	2018014	陈沁燕	服装	迟到	6月7日	0.5
17	2018015	李安安	会计	早退	6月7日	0.5
18	2018016	于夏天	计算机	早退	6月7日	0.5
19	2018017	徐晨浩	室内设计	迟到	6月8日	0.5
20	2018018	庄凯捷	室内设计	旷课	6月8日	1.0
21						

图 5-2-16　表格数据输入

（3）将第一行的行高设为 21，将 A～F 列的列宽设为 10。

（4）将 Sheet1 工作表重命名为"第十五周违纪"，并将工作表复制到 Sheet3 中，删除 Sheet2。

（5）在 Sheet3 中的学号前插入一列，命名为"序号"，如图 5-2-17 所示。

（6）保存文件。

	A	B	C	D	E	F	G
1				学生违纪名单			
2	序号	学号	学生姓名	班级	违纪情况	违纪时间	扣分情况
3	1	2018001	许多多	会计	迟到	6月5日	0.5
4	2	2018002	刘一诚	室内设计	早退	6月5日	0.5
5	3	2018003	林夕	计算机	旷课	6月5日	1.0
6	4	2018004	吴非同	计算机	迟到	6月5日	0.5
7	5	2018005	林辉	会计	旷课	6月5日	1.0
8	6	2018006	丁香	会计	旷课	6月6日	1.0
9	7	2018007	陈毅辉	服装	迟到	6月6日	0.5
10	8	2018008	张云其	计算机	旷课	6月6日	1.0
11	9	2018009	郑子和	服装	迟到	6月6日	0.5
12	10	2018010	何泽园	会计	迟到	6月6日	0.5
13	11	2018011	陈欣泽	服装	迟到	6月6日	0.5
14	12	2018012	郑仁义	计算机	旷课	6月6日	1.0
15	13	2018013	杨青沁	服装	旷课	6月7日	1.0
16	14	2018014	陈沁燕	服装	迟到	6月7日	0.5
17	15	2018015	李安安	会计	早退	6月7日	0.5
18	16	2018016	于夏天	计算机	早退	6月7日	0.5
19	17	2018017	徐晨浩	室内设计	迟到	6月8日	0.5
20	18	2018018	庄凯捷	室内设计	旷课	6月8日	1.0
21							

图 5-2-17　表格数据输入

5.3　Excel 工作表的格式化

考试要求

熟练掌握设置工作表格式（设置单元格、行、列、单元格区域、工作表，自动套用格式等）的方法。

知识讲解

Excel 2010 中可通过数字格式设置来改变数据在单元格中的显示形式，同时也可以对数据字体格式、对齐方式、边框、底纹等进行格式化操作，以使工作表更加清晰、美观。

5.3.1　单元格数据的格式化

在 Excel 2010 中,可以在工作表中输入各种各样的数据,如文本、数值、日期、货币等,因而显示的数据格式也会不同。Excel 2010 内置的数字格式如表 5-3-1 所示。

表 5-3-1　Excel 2010 内置数字格式

数字格式	说明
常规	默认数字格式,不包含任何特定数字格式
数值	适用于数值表达,可定义数值小数位等
货币	适用于货币数值,可定义货币符号
日期(时间)	将日期和时间系列数值显示为日期/时间值
百分比	以百分数形式显示数据
分数	显现小数四舍五入最接近值的分数
科学记数	以指数法显示数字
文本	将数字作为文本处理
自定义	展现自定义数据格式
特殊	将数字展现为特定格式,如将数字显示为邮政编码等

选定需要设置数字格式的单元格或单元格区域,单击“开始”→“单元格”→“格式”下拉按钮,在弹出的下拉列表中选择“设置单元格格式”命令,或者右击,在弹出的快捷菜单中选择“设置单元格格式”命令,在对话框中选择“数字”选项卡,根据需要设置相应的选项即可,如图 5-3-1 所示。

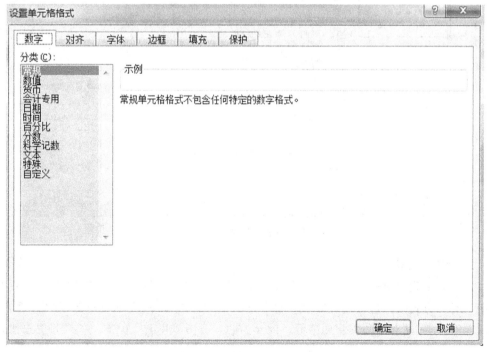

图 5-3-1　数字格式设置对话框

5.3.2 单元格的格式化

除通过数字格式设置相关数据在单元格中的显示形式之外，Excel 2010 还可以进行设置字体格式、数据对齐方式、边框、底纹等格式化工作表操作，相应的单元格格式按钮如图 5-3-2 所示。

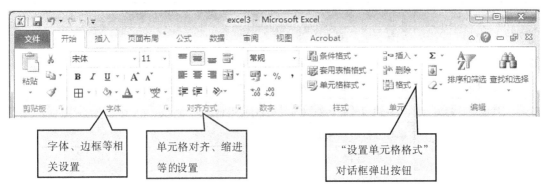

图 5-3-2 单元格格式按钮

1. 设置字体

在"开始"选项卡的"字体"组中，通过设置文字的下拉列表和按钮，如图 5-3-3 所示，根据需要进行相应设置即可。或者，在"设置单元格格式"对话框中，选择"字体"选项卡，根据需要设置相应的选项，设置完毕，单击"确定"按钮即可。

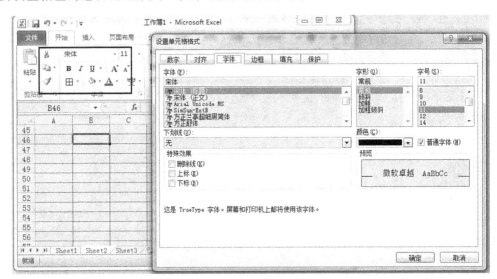

图 5-3-3 字体设置对话框

2. 设置对齐格式

选定需要改变对齐方式的单元格或单元格区域，单击"开始"选项卡的"对齐方式"组中相应的对齐方式按钮进行设置即可。水平方向有文本左对齐、文本右对齐、居中，垂直方向有顶端对齐、底端对齐和垂直居中等。此外，在"对齐方式"组中单击"方向"下拉按钮，在弹出的下拉列表中选择某命令,可将文本设置成相应的旋转效果。

3. 设置边框线

选定需要设置单元格边框的单元格区域右击,在弹出的快捷菜单中选择"设置单元格格式"命令,或者单击"开始"→"单元格"→"格式"下拉按钮,在弹出的下拉列表中选择"设置单元格格式"命令,选择"边框"选项卡,根据所需要的边框格式进行相应设置,如图 5-3-4 所示。

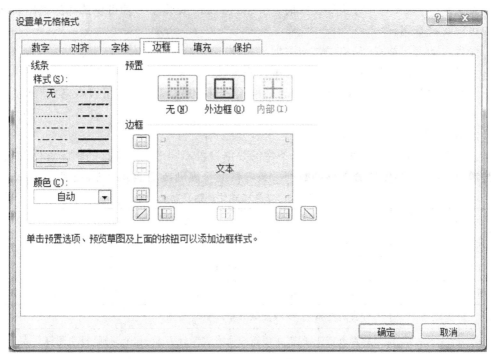

图 5-3-4　设置边框

4. 设置背景

选定要设置的单元格区域,打开"设置单元格格式"对话框,选择"填充"选项卡,在"背景色"选项组中选择一种颜色,或单击"其他颜色"按钮,在打开的"颜色"对话框中选择一种颜色。单击"填充效果"按钮,打开"填充效果"对话框,可设置不同的填充效果,如图 5-3-5 所示。

图 5-3-5　背景设置

5.3.3 单元格的高级格式化

1. 套用格式

自动套用格式是指一整套可以迅速应用于某一数据区域的内置格式和设置的集合,包括字号大小、图案和对齐方式等设置信息。Excel 2010 提供了多种可供选择的工作表格式,用户可以直接套用。

设置自动套用格式,具体操作步骤如下:

(1)选定需要应用自动套用格式的单元格区域。

(2)单击"开始"→"样式"→"套用表格格式"下拉按钮,弹出"套用表格格式"下拉列表,根据需要选择一种格式。

2. 条件格式化

使用条件格式化可以为满足一定条件的数据设置不同于其他数据的字体属性,如颜色、字号等,以便突出显示符合条件的数据。条件格式化规则及功能如表 5-3-2 所示。

表 5-3-2　条件格式化规则及功能

规则	功能
突出显示单元格规则	基于比较运算符设置条件
项目选取规则	根据指定的截止值查找单元格区域中的最高值和最低值
数据条	用于查看某个单元格相对于其他单元格的值,数据条的长度代表单元格中的值
色阶	一种直观的指示,反映数据分布和数据变化
图标集	对数据进行注释,并可以按阈值将数据分为 3～5 个类别,每个图标代表一个值的范围

单击"条件格式"按钮,在下拉菜单中选择"突出显示单元格规则"子菜单下的"小于",显示效果如图 5-3-6 所示。

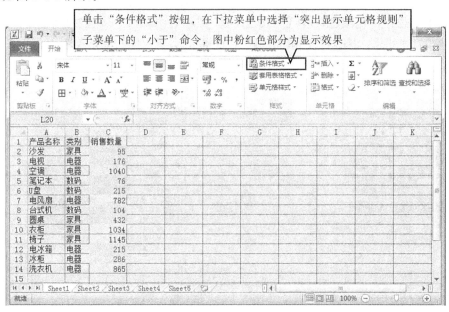

图 5-3-6　条件格式化

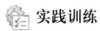 **实践训练**

一、打开 5-3-1. xlsx

1. 设置标题"学生成绩表"：A1：H1 合并居中，水平和垂直对齐为居中，字体：黑体；字号：20；字体颜色为黄色；浅蓝色底纹。

2. 将单元格区域 A2：H2 的对齐方式设置为水平居中，底纹设置橙色，强调文字颜色 6，淡色 80％的底纹。

3. 将单元格区域 A3：H19 的对齐方式设置为居中，底纹设置橄榄色，强调文字颜色 3，淡色 60％的底纹。

4. 设置表格边框线：将单元格区域 A2：H19 的外边框线设置为双线条。

结果如图 5-3-7 所示。

	A	B	C	D	E	F	G	H
1	学生成绩表							
2	学号	姓名	语文	数学	英语	德育	体育	总分
3	17001000909	朱文	82	85	90	90	75	422
4	17001000910	陈龙	85	75	65	90	65	380
5	17001000911	陈杰	80	80	90	85	75	410
6	17001000912	林洪起	65	90	88	95	90	428
7	17001000913	王小杰	78	90	95	85	85	433
8	17001000914	张霞	82	75	55	60	60	332
9	17001000915	陈炜	63	70	90	80	90	393
10	17001000916	江小志	60	13	20	60	65	218
11	17001000917	黄新	90	75	65	80	90	400
12	17001000918	刘翔	74	95	98	80	88	435
13	17001000919	刘博	83	95	95	88	90	451
14	17001000920	张敏	65	70	35	62	60	292
15	17001000921	陈智超	55	95	95	89	95	429
16	17001000922	刘思文	63	80	85	90	90	408
17	17001000923	林德杰	82	85	85	83	90	425
18	17001000924	钟宇豪	76	80	85	80	75	396
19	17001000925	林力萍	65	70	28	80	60	303
20								

图 5-3-7　格式设置

第 1 题：

选择 A1：H1，单击"开始"菜单→"对齐方式"→"合并后居中"，"开始"菜单→"单元格"→"格式"→"设置单元格格式"→"对齐"，水平和垂直对齐为居中；单击"开始"菜单→字体：黑体，字号：20；字体颜色：黄色；填充颜色：浅蓝色。

第 2 题：

选择 A2：H2，对齐方式设置为居中；单击"开始"菜单→"字体"→填充颜色，橙色，强调文字颜色 6，淡色 80％的底纹。

第 3 题：

选择 A3：H19，对齐方式设置为居中；单击"开始"菜单→"字体"→填充颜色，选择橄榄色，强调文字颜色 3，淡色 60％的底纹。

第 4 题：

选择 A2：H19，单击"开始"菜单→"字体"→边框，选择双线条，再点击外边框。

二、打开 5-3-2. xlsx

1. 自动套用格式:将 Sheet1 工作表套用"表样式中等深浅 9"。结果如图 5-3-8 所示。

	A	B	C	D	E	F	G	H
1	学号	姓名	语	数	英	德	体	总
2	17001000909	朱文	82	85	90	90	75	422
3	17001000910	陈龙	85	75	65	90	65	380
4	17001000911	陈杰	80	80	90	85	75	410
5	17001000912	林洪起	65	90	88	95	90	428
6	17001000913	王小杰	78	90	95	85	85	433
7	17001000914	张霞	82	75	55	60	60	332
8	17001000915	陈炜	63	70	90	80	90	393
9	17001000916	江小志	60	13	20	60	65	218
10	17001000917	黄新	90	75	65	80	90	400
11	17001000918	刘翔	74	95	98	80	88	435
12	17001000919	刘博	83	95	95	88	90	451
13	17001000920	张敏	65	70	35	62	60	292
14	17001000921	陈智超	55	95	95	89	95	429
15	17001000922	刘思文	63	80	85	90	90	408
16	17001000923	林德杰	82	85	85	83	90	425
17	17001000924	钟宇豪	76	80	85	80	75	396
18	17001000925	林力萍	65	70	28	80	60	303
19								

图 5-3-8　自动套用格式

2. 条件格式化:将 Sheet2 中总分大于 400 的记录条件格式设置为"浅红色填充"。结果如图 5-3-9 所示。

	A	B	C	D	E	F	G	H
1				学生成绩表				
2	学号	姓名	语文	数学	英语	德育	体育	总分
3	17001000909	朱文	82	85	90	90	75	422
4	17001000910	陈龙	85	75	65	90	65	380
5	17001000911	陈杰	80	80	90	85	75	410
6	17001000912	林洪起	65	90	88	95	90	428
7	17001000913	王小杰	78	90	95	85	85	433
8	17001000914	张霞	82	75	55	60	60	332
9	17001000915	陈炜	63	70	90	80	90	393
10	17001000916	江小志	60	13	20	60	65	218
11	17001000917	黄新	90	75	65	80	90	400
12	17001000918	刘翔	74	95	98	80	88	435
13	17001000919	刘博	83	95	95	88	90	451
14	17001000920	张敏	65	70	35	62	60	292
15	17001000921	陈智超	55	95	95	89	95	429
16	17001000922	刘思文	63	80	85	90	90	408
17	17001000923	林德杰	82	85	85	83	90	425
18	17001000924	钟宇豪	76	80	85	80	75	396
19	17001000925	林力萍	65	70	28	80	60	303
20								

图 5-3-9　条件格式化

第 1 题:

选择 A1:H18,单击"开始"菜单→"样式"→"套用表格格式",选择浅色的"表样式中等深线 9"。

第 2 题:

选择 H3:H19,单击"开始"菜单→"样式"→"条件格式"→"突出显示单元格规则"→"大于":400,浅红色填充。

理论练习

1. Excel 2010 设置的单元格水平对齐方式中,不包括(   )。

A. 左对齐   B. 两端对齐   C. 合并对齐   D. 分散对齐

2. Excel 2010 中,在单元格中输入"姓名"字符,在默认情况下,按(   )格式对齐。

A. 居中   B. 右对齐   C. 左对齐   D. 分散对齐

3. 在 Excel 2010 中输入身份证号码时,应首先将单元格数据类型设置为(   ),以保证数据的准确性。

A. 特殊   B. 文本   C. 货币   D. 日期

4. 在 Excel 2010 中,添加边框、颜色操作中,在"开始"选项卡中(   )功能区。

A. 数字   B. 单元格   C. 样式   D. 字体

5. 在 Excel 2010 中,给表格添加边框,边框线条样式不可能是(   )。

A. 粗直虚线   B. 细弧线   C. 粗直实线   D. 细直实线

6. 在 Excel 2010 中套用表格格式后,会出现(   )功能区选项卡。

A. 表格工具   B. 绘图工具   C. 图片工具   D. 其他工具

7. Excel 2010 中,要用红字标注不及格的学生的成绩可以使用(   )功能。

A. 筛选   B. 数据有效性   C. 条件格式   D. 排序

实训练习

1. 打开"5-3-3 上机练习 1.xlsx",按下列要求完成操作,结果如图 5-3-10 和图 5-3-11 所示。

	A	B	C	D	E
2	编号	姓名	性别	身高(CM)	体重(KG)
3	X001	张凯	男	184	76.4
4	X002	叶莉	女	165	50.3
5	X003	苏斌	男	178	72.5
6	X004	李磊	男	190	80.7
7	X005	陈桦	女	167	64.5
8	X006	刘静	女	155	55.6
9	X007	王阳	男	174	73.5
10	X008	李德	男	187	83.8
11	X009	刘娟	女	168	65.6
12	X010	宋喜	女	153	49.9
13			平均值:	172.1	67.3
14					

图 5-3-10 完成结果(1)

(1)将工作表 Sheet1 改名为"体检表";

(2)将 A1:E1 单元格合并后居中;

(3)设置合并后的 A1 单元格字体为华为楷体,字号为 18,颜色为橙色,填充蓝色背景;

(4)在单元格区域 A3:A12 完成向下自动填充;

(5)用函数计算出平均身高和体重,保留小数点后 1 位;

(6)将单元格区域 A2:E13 设置为"所有框线";

(7)把 Sheet1 工作表复制到 Sheet2,在 Sheet2 中筛选出所有身高大于 160 cm 的女生;

(8)工作簿另存为"泰德学校高二学生体检表"。

泰德学校高二学生体检表				
编号 ▼	姓名 ▼	性别 ▼	身高（CM ▼	体重（KG ▼
X002	叶莉	女	165	50.3
X005	陈桦	女	167	64.5
X009	刘娟	女	168	65.6

图 5-3-11 完成结果(2)

2. 打开"5-3-4 上机练习 2.xlsx",按下列要求完成操作,结果如图 5-3-12 和图 5-3-13 所示。

(1)A1:E1 单元格合并后居中,标题字体设置为楷体、16 号、加粗。

(2)A2:E2 格式设置为居中对齐,宋体、13 号。

(3)单元格区域 A3:E9 的字符格式为宋体、12 号、居中。

(4)设置第 1 行高为 30,2~9 行的行高为 20。

(5)给 A2:E9 添加框线,外边框为双线、内部为细实线;添加蓝色,强调文字颜色 1,淡色 80%的底纹;将工作表标签设置为紫色。

(6)将 Sheet1 工作表复制到 Sheet2 中,Sheet2 中,除标题外,在"套用表格格式"中选用"表样式中等深浅 3"。

图 5-3-12 完成结果(1)　　　　　　　图 5-3-13 完成结果(2)

5.4　Excel 的公式与函数

(1)理解单元格的绝对地址和相对地址的应用；
(2)会使用公式与常用函数。

知识讲解

Excel 2010 中不仅能输入数据并进行格式化,还提供了大量的、类型丰富的函数,可以通过公式和函数对数据进行如求总和、求平均值、求最大值、计数等计算。当我们需要对工作表中的数据做加、减、乘、除等运算时,可以把计算的工作交给 Excel 的公式,当数据有变动时,公式计算的结果会立即更新。

5.4.1　公式的输入

公式是对工作表中的数值进行计算的等式,公式始终以等号(＝)开头,例如:"＝5＋2＊3"的计算结果为 11;"＝A1＋A2＋A3"表示将单元格 A1、A2 和 A3 中的值相加。常用运算符见表 5-4-1。

表 5-4-1　常用运算符及其含义说明

运算符类型	运算符	含 义	示 例
算术运算符	＋(加号)	加法	3＋3
	－(减号)	减法	5－3
		负数	－1
	＊(星号)	乘法	3＊3
	/(正斜杠)	除法	3/2
	％(百分号)	百分比	20％
	^(脱字号)	乘方	3^2
比较运算符	＝(等于)	等于	A1＝B1
	＞(大于号)	大于	A1＞B1
	＜(小于号)	小于	A1＜B1
	＞＝(大于等于号)	大于等于	A1＞＝B1
	＜＝(小于等于号)	小于等于	A1＜＝B1
	＜＞(不等号)	不等于	A1＜＞B1

续表

运算符类型	运算符	含义	示例
引用运算符	:(冒号)	区域运算符,生成对两个引用之间所有单元格的引用,包括这两个引用	B5:B15
	,(逗号)	联合运算符,将多个引用合并为一个引用	SUM(B5:B15,D5:D15)
	(空格)	交叉运算符,生成对两个引用共同单元格的引用	B7:D7 C6:C8
文本运算符	&(与号)	将两个文本值连接或串起来产生一个连续的文本值	("North"&"wind")—

使用公式计算可直接提取单元格地址进行输入,操作方法为:选中计算结果要存放的单元格 F3,再输入公式=C3+D3+E3,最后按 Enter 键即可实现总分的计算,如图 5-4-1 所示。

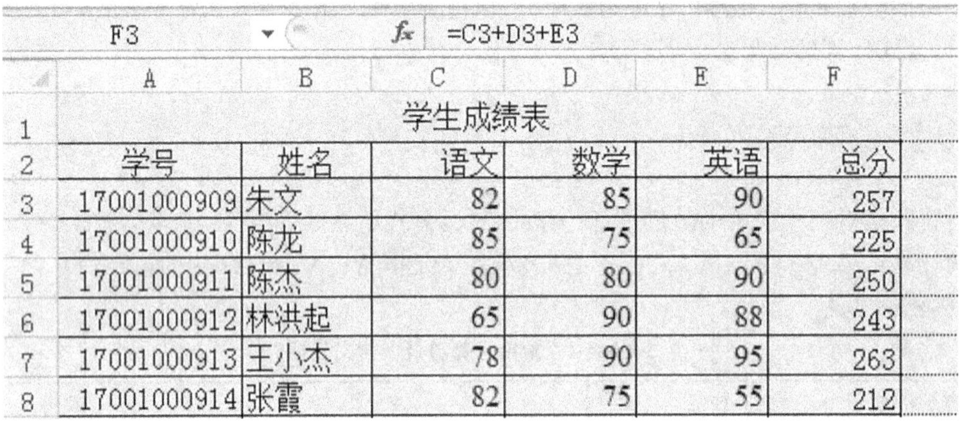

F3 =C3+D3+E3

	A	B	C	D	E	F
1	学生成绩表					
2	学号	姓名	语文	数学	英语	总分
3	17001000909	朱文	82	85	90	257
4	17001000910	陈龙	85	75	65	225
5	17001000911	陈杰	80	80	90	250
6	17001000912	林洪起	65	90	88	243
7	17001000913	王小杰	78	90	95	263
8	17001000914	张霞	82	75	55	212

图 5-4-1　公式输入法

5.4.2 公式的引用

在大量数据的统计过程中,复制公式可以减少多次输入公式的工作量,使操作更加方便快捷。复制公式时,若在公式中使用单元格或区域,则在复制的过程中根据不同的情况使用不同的单元格引用。单元格的引用方式分 3 种:相对引用、绝对引用和混合引用。

1. 相对引用

对单元格或单元格区域的引用通常是相对于包含公式的单元格的相对位置,在复制包含相对引用的公式时,Excel 将自动调整复制公式中的引用,根据目的单元格的相对位置的变化自动更新原操作单元格的位置。例如,E3=B3+C3+D3,当公式复制到单元格 E4 时,其中的公式已经改为=B4+C4+D4。

2. 绝对引用

操作方法是在引用的原单元格地址的行标、列标前均加上“$”符号,在进行公式复制时,单元格的引用地址不会发生改变。例如,E3＝＄B＄3＋＄C＄3＋＄D＄3,则复制到 E4 单元格后,显示的公式为"＝＄B＄3＋＄C＄3＋＄D＄3",计算结果保持不变。

3. 混合引用

混合引用是指在公式的输入过程中既有相对引用又有绝对引用,需要改变的行号或列号使用相对引用,反之使用绝对引用。例如,E3＝＄B＄3＋＄C＄3＋D3,在复制的过程中,D3 单元格会随填充规律发生变化,B3、C3 单元格不会变化。

在使用 3 种引用方式时,可以按 F4 键进行随意切换,节省了手动输入的时间。

5.4.3　Excel 常用函数的使用

Excel 中提供了几百个可以单独使用或与其他公式或函数一起使用的函数,如求和、取平均值、取最大值等。函数的语法结构为"函数名称(参数 1,参数 2,…)",其中的参数可以是常量、单元格、区域、区域名和其他函数。

1. 输入函数

具体操作方法为:先选择要输入函数的单元格,然后单击编辑栏旁边的"插入函数"按钮,或单击"公式"→"函数库"→"插入函数"按钮,打开如图 5-4-2 所示的"插入函数"对话框。

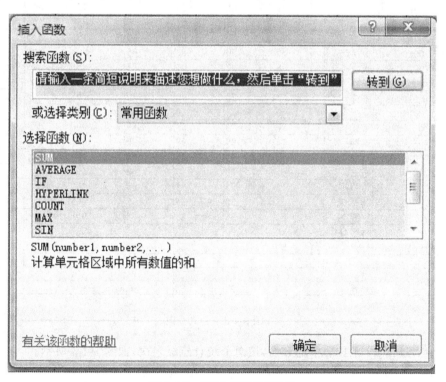

图 5-4-2　"插入函数"对话框

2. 自动求和

操作方法是选中显示计算结果的单元格,单击"开始"→"编辑"→"自动求和"按钮或"公式"→"函数库"→"自动求和"按钮,系统会自动选择要参与运算的单元格,在结果栏中自动计算出数据的和。

3. 手动输入函数

(1)首先选中需要输入函数的单元格,然后在单元格中输入一个等号"＝"。

(2)输入所要使用的函数。例如,在所选单元格中输入函数"＝SUM(B3:B6)",计算工作表中从 B3 到 B6 的数值总额。

4. 常用函数

求和函数 SUM(),平均值函数 AVERAGE(),最大值函数 MAX(),最小值函数 MIN(),计数函数 COUNT(),条件函数 IF。

实践训练

打开"5-4.xlsx":

1. 使用 Sheet1 工作表中的数据,使用函数计算"总分""平均分""最低分""最高分",结果分别放在相应的单元格中,如图 5-4-3 所示。

	A	B	C	D	E	F	G	H	I
1					学生成绩表				
2	学号	姓名	语文	数学	英语	德育	体育	总分	平均分
3	17001000909	朱文	82	85	90	90	75	422	84.4
4	17001000910	陈龙	85	75	65	90	65	380	76
5	17001000911	陈杰	80	80	90	85	75	410	82
6	17001000912	林洪起	65	90	88	95	90	428	85.6
7	17001000913	王小杰	78	90	95	85	85	433	86.6
8	17001000914	张霞	82	75	55	60	60	332	66.4
9	17001000915	陈炜	63	70	90	80	90	393	78.6
10	17001000916	江小志	60	13	20	60	65	218	43.6
11	17001000917	黄新	90	75	65	80	90	400	80
12	17001000918	刘翔	74	95	98	80	88	435	87
13	17001000919	刘博	83	95	95	88	90	451	90.2
14	17001000920	张敏	65	70	35	62	60	292	58.4
15	17001000921	陈智超	55	95	95	89	95	429	85.8
16	17001000922	刘思文	63	80	85	90	90	408	81.6
17	17001000923	林德杰	82	85	85	83	90	425	85
18	17001000924	钟宇豪	76	80	85	80	75	396	79.2
19	17001000925	林力萍	65	70	28	80	60	303	60.6
20									
21		最低分	55	13	20	60	60		
22		最高分	90	95	98	95	95		
23									

图 5-4-3 公式函数

2. 使用 Sheet2 工作表中的数据,按总分统计班级名次,如图 5-4-4 所示。

I4			fx	=RANK(H4,$H$3:$H$19,0)					
	A	B	C	D	E	F	G	H	I
1				学生成绩表					
2	学号	姓名	语文	数学	英语	德育	体育	总分	名次
3	17001000909	朱文	82	85	90	90	75	422	7
4	17001000910	陈龙	85	75	65	90	65	380	13
5	17001000911	陈杰	80	80	90	85	75	410	8
6	17001000912	林洪起	65	90	88	95	90	428	5
7	17001000913	王小杰	78	90	95	85	85	433	3
8	17001000914	张霞	82	75	55	60	60	332	14
9	17001000915	陈炜	63	70	90	80	90	393	12
10	17001000916	江小志	60	13	20	60	65	218	17
11	17001000917	黄新	90	75	65	80	90	400	10
12	17001000918	蓝翔	74	95	98	80	88	435	2
13	17001000919	刘博	83	95	95	88	90	451	1
14	17001000920	张敏	65	70	35	62	60	292	16
15	17001000921	陈宇超	55	95	95	89	95	429	4
16	17001000922	刘思文	63	80	85	90	90	408	9
17	17001000923	林德杰	82	85	85	83	90	425	6
18	17001000924	钟宇豪	76	80	85	80	75	396	11
19	17001000925	林力萍	65	70	28	80	60	303	15
20									

图 5-4-4　考评名次

3．使用 Sheet3 工作表中的数据,按平均分评定考试等级:平均分大于等于 85 的考评等级为"优秀";大于等于 75,且小于 85 的考评等级为"良好";大于等于 60,且小于 75 的考评等级为"及格";小于 60 分的为"不及格"。如图 5-4-5 所示。

I3			fx	=IF(H3>=85,"优秀",IF(AND(H3>=75,H3<85),"良好",IF(AND(H3>=60,H3<75),"及格","不及格")))								
	A	B	C	D	E	F	G	H	I	J	K	L
1				学生成绩表								
2	学号	姓名	语文	数学	英语	德育	体育	平均分	考评			
3	17001000909	朱文	82	85	90	90	75	84.4	良好			
4	17001000910	陈龙	85	75	65	90	65	76	良好			
5	17001000911	陈杰	80	80	90	85	75	82	良好			
6	17001000912	林洪起	65	90	88	95	90	85.6	优秀			
7	17001000913	王小杰	78	90	95	85	85	86.6	优秀			
8	17001000914	张霞	82	75	55	60	60	66.4	及格			
9	17001000915	陈炜	63	70	90	80	90	78.6	良好			
10	17001000916	江小志	60	13	20	60	65	43.6	不及格			
11	17001000917	黄新	90	75	65	80	90	80	良好			
12	17001000918	蓝翔	74	95	98	80	88	87	优秀			
13	17001000919	刘博	83	95	95	88	90	90.2	优秀			
14	17001000920	张敏	65	70	35	62	60	58.4	不及格			
15	17001000921	陈宇超	55	95	95	89	95	85.8	优秀			
16	17001000922	刘思文	63	80	85	90	90	81.6	良好			
17	17001000923	林德杰	82	85	85	83	90	85	优秀			
18	17001000924	钟宇豪	76	80	85	80	75	79.2	良好			
19	17001000925	林力萍	65	70	28	80	60	60.6	及格			
20												

图 5-4-5　考评等级

4．使用 Sheet4 工作表中的数据统计各个分数段的人数,分别放在相应的单元格中,如图 5-4-6 所示。

	J3		▼	fx	=COUNTIF(H3:H19,">=85")					
	A	B	C	D	E	F	G	H	I	J	K	L	M

学生成绩表

学号	姓名	语文	数学	英语	德育	体育	平均分	考评	优(85~100)	良(75~84)	及格(60~74)	不及格(0~59)
17001000909	朱文	82	85	90	90	75	84.4	良好	6	7	2	2
17001000910	陈龙	85	75	65	90	65	76	良好				
17001000911	陈杰	80	80	90	85	75	82	良好				
17001000912	林洪起	65	90	88	95	90	85.6	优秀				
17001000913	王小杰	78	90	95	85	85	86.6	优秀				
17001000914	张霞	82	75	60	60	60	66.4	及格				
17001000915	陈炜	63	70	90	80	90	78.6	良好				
17001000916	江小志	60	13	20	60	65	43.6	不及格				
17001000917	黄新	90	75	65	80	90	80	良好				
17001000918	蓝翔	74	95	98	80	88	87	优秀				
17001000919	刘博	83	95	95	88	90	90.2	优秀				
17001000920	张敏	65	70	35	62	60	58.4	不及格				
17001000921	陈宇超	55	95	95	89	95	85.8	优秀				
17001000922	刘思文	63	80	85	90	90	81.6	良好				
17001000923	林德杰	82	85	85	83	90	85	优秀				
17001000924	钟宇豪	76	80	85	80	75	79.2	良好				
17001000925	林力萍	65	70	28	80	60	60.6	不及格				

图 5-4-6　数据统计

第 1 题：

选中 H3 单元格→单击"公式"菜单→"自动求和"→"求和"，鼠标放置在 H3 单元格的右下角，出现填充柄图标后，按住鼠标，向下拖动，填充其他同学的总分；选中 I3 单元格→单击"公式"菜单→"自动求和"→"平均值"，数据区域选择 C3:G3，鼠标放置在 I3 单元格的右下角，出现填充柄图标后，按住鼠标，向下拖动，填充其他同学的平均分；选中 C21 单元格→单击"公式"菜单→"自动求和"→"最小值"，数据区域选择 C3:C19，鼠标放置在 C21 单元格的右下角，出现填充柄图标后，按住鼠标，向右拖动，得出最低分；选中 C22 单元格→单击"公式"菜单→"自动求和"→"最大值"，数据区域选择 C3:C19，鼠标放置在 C22 单元格的右下角，出现填充柄图标后，按住鼠标，向右拖动，得出最高分。

第 2 题：

选中 H3 单元格→单击"公式"菜单→"自动求和"→"其他函数"→"或选择类别"→"全部"→按下键盘上的 r 键，找到 RANK 函数，如图 5-4-7 所示，进行设置。鼠标放置在 H3 单元格的右下角，出现填充柄图标后，按住鼠标，向下拖动，得出名次排名。

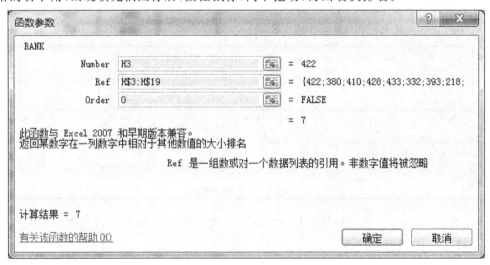

图 5-4-7　RANK 函数应用

第 3 题：

选中 I3 单元格,在编辑栏输入＝IF(H3＞＝85,"优秀",IF(AND(H3＞＝75,H3＜85),"良好",IF(AND(H3＞＝60,H3＜75),"及格","不及格"))),鼠标放置在 I3 单元格的右下角,出现填充柄图标后,按住鼠标,向下拖动,得出分数等级。

第 4 题：

选中 J3 单元格,在编辑栏输入＝COUNTIF(H3:H19,"＞＝85"),得出"优秀"的人数;选中 K3 单元格,在编辑栏输入＝COUNTIF(H3:H19,"＞＝75")－J3,得出"良好"的人数;选中 L3 单元格,在编辑栏输入＝COUNTIF(H3:H19,"＞＝60")－J3－K3,得出"及格"的人数;选中 M3 单元格,在编辑栏输入＝COUNTIF(H3:H19,"＜60"),得出"不及格"的人数。

理论练习

1. 在 Excel 2010 的编辑栏中输入公式时,应先输入( )号。

A. ♯   B. *   C. ＝   D. ?

2. 在 Excel 2010 中"∑"按钮的意思是( )。

A. 自动求商   B. 自动求积   C. 自动求和   D. 自动求差

3. Excel 2010 中公式＝AVERAGE(A3:A6)等价于下列( )公式。

A. ＝A3＋A4＋A5＋A6/4   B. ＝(A3＋A4＋A5＋A6)/4

C. 都对   D. 都不对

4. 在 Excel 2010 工作表中,可将公式"＝C1＋C2＋C3＋C4"转换为( )。

A. ＝SUM(C1,C4)   B. SUM(C1,C4)   C. ＝SUM(C1:C4)   D. SUM(C1,C4)

5. 在 Excel 2010 中,计算 C2 到 C8 中数值总和的函数是( )。

A. COUNT(C2:C8)   B. SUM(C2:C8)

C. AVERAGE(C2:C8)   D. MIN(C2:C8)

6. 在 Excel 2010 中,当操作数发生变化时,公式的运算结果( )。

A. 不会发生改变   B. 会显示出错信息

C. 会发生改变   D. 与操作数没有关系

7. 在 Excel 2010 中,公式中运算符的作用是( )。

A. 连接数据

B. 对数据进行分类

C. 比较数据

D. 用于指定对操作数或单元格引用数据执行何种运算

8. 在 Excel 2010 中,需把公式首先计算的部分括在( )内,才能修改计算的顺序。

A. 双引号   B. 圆括号   C. 单引号   D. 中括号

9. 在 Excel 2010 中,工作表中的数值计算经常用到公式,下列关于公式的说法,( )是正确的。

A. 一个公式中,必须包含一个或多个函数   B. 一个公式中不能包含多个单元格引用

C. 公式中的运算数不能使用"名称"   D. 公式必须以等号开头

10. 使用地址＄A＄3 引用单元格地址,这种引用称为( )。

A. 混合引用   B. 绝对引用   C. 相对引用   D. 交叉引用

实训练习

1. 打开"5-4-1. xlsx"，按下列要求完成操作，结果如图 5-4-8 所示。

	编号	姓名	基本工资	效益工资	浮动率	工资	浮动额	工资总额
					工资表			
3	01	刘友	1500	800	0.9%	2300	21	2321
4	02	张成功	1800	1000	1.4%	2800	39	2839
5	03	李明	2000	1000	1.5%	3000	45	3045
6	04	王红兴	1750	700	0.8%	2450	20	2470
7	05	陈思明	2500	1200	1.5%	3700	56	3756
8	06	王小红	1900	1500	1.5%	3400	51	3451
9	07	刘文章	2200	1200	1.9%	3400	65	3465
10	08	吴进	1800	800	1.4%	2600	36	2636
11	09	林晓燕	1700	1100	0.5%	2800	14	2814
12	10	门辉	3000	1400	1.2%	4400	53	4453
13	11	陈进如	2800	1500	1.3%	4300	56	4356
14	12	谢志真	1700	1000	1.6%	2700	43	2743
15	13	范金明	2400	1400	1.7%	3800	65	3865
16	平均值		2081	1123		3204	43	3247
17	最高总额		3000	1500		4400	65	4453
18	最低总额		1500	700		2300	14	2321

图 5-4-8 完成结果

(1) 计算每人的工资，按公式：工资＝基本工资＋效益工资；
(2) 计算每人的工资浮动额，按公式：浮动额＝工资 * 浮动率（不保留小数点）；
(3) 计算每人的工资总额＝工资＋浮动额；
(4) 计算各工资项和工资总额的平均值（不保留小数点）；
(5) 求出最高工资总额和最低工资总额。

2. 打开"5-4-2. xlsx"，按下列要求完成操作。

(1) 使用 Sheet1 工作表中的数据，使用函数计算总成绩、平均成绩（不保留小数点）、最低分和最高分，结果分别放在相应的单元格中，如图 5-4-9 所示。

	学号	姓名	政治	语文	数学	英语	总成绩	平均成绩
				学生成绩表				
3	201801	王红	85	91	88	85	349	87
4	201802	梁笑	87	76	81	91	335	84
5	201803	吴军	77	84	66	74	301	75
6	201804	刘烨	80	88	91	78	337	84
7	201805	张静	45	67	53	72	237	59
8	201806	马妮	37	60	56	39	192	48
9	201807	宋金	82	93	97	89	361	90
10	201808	陈可	96	86	98	88	368	92
11	201809	杜凡	79	86	76	66	307	77
12	201810	方杰	76	75	68	72	291	73
13	201811	李可	56	64	42	54	216	54
14	201812	林轩	67	81	69	77	294	74
15	201813	张林	62	66	63	64	255	64
16								
17		最低分	37	60	42	39		
18		最高分	96	93	98	91		

图 5-4-9 完成结果（1）

（2）使用 Sheet2 工作表中的数据，按总分统计班级名次，如图 5-4-10 所示。

	A	B	C	D	E	F	G	H
1				学生成绩表				
2	学号	姓名	政治	语文	数学	英语	总成绩	名次
3	201801	王红	85	91	88	85	349	3
4	201802	梁笑	87	76	81	91	335	5
5	201803	吴军	77	84	66	74	301	7
6	201804	刘烨	80	88	91	78	337	4
7	201805	张静	45	67	53	72	237	11
8	201806	马妮	37	60	56	39	192	13
9	201807	宋金	82	93	97	89	361	2
10	201808	陈可	96	86	98	88	368	1
11	201809	杜凡	79	86	76	66	307	6
12	201810	方杰	76	75	68	72	291	9
13	201811	李可	56	64	42	54	216	12
14	201812	林轩	67	81	69	77	294	8
15	201813	张林	62	66	63	64	255	10
16								

图 5-4-10　完成结果（2）

（3）使用 Sheet3 工作表中的数据，按平均分评定考评等级：平均分大于等于 85 的考评等级为"优秀"；大于等于 75，且小于 85 的考评等级为"良好"；大于等于 60，且小于 75 的考评等级为"及格"；小于 60 分的为"不及格"。如图 5-4-11 所示。

	A	B	C	D	E	F	G	H
1				学生成绩表				
2	学号	姓名	政治	语文	数学	英语	平均分	考评等级
3	201801	王红	85	91	88	85	87	优秀
4	201802	梁笑	87	76	81	91	84	良好
5	201803	吴军	77	84	66	74	75	良好
6	201804	刘烨	80	88	91	78	84	良好
7	201805	张静	45	67	53	72	59	不及格
8	201806	马妮	37	60	56	39	48	不及格
9	201807	宋金	82	93	97	89	90	优秀
10	201808	陈可	96	86	98	88	92	优秀
11	201809	杜凡	79	86	76	66	77	良好
12	201810	方杰	76	75	68	72	73	及格
13	201811	李可	56	64	42	54	54	不及格
14	201812	林轩	67	81	69	77	74	及格
15	201813	张林	62	66	63	64	64	及格
16								

图 5-4-11　完成结果（3）

（4）使用 Sheet4 工作表中的数据，统计各个分数段的人数，分别放在相应的单元格中，如图 5-4-12 所示。

	A	B	C	D	E	F	G	H	I	J	K	L
1				学生成绩表								
2	学号	姓名	政治	语文	数学	英语	平均分	考评等级	优（85~100）	良（75~84）	及格（60~74）	不及格（0~59）
3	201801	王红	85	91	88	85	87	优秀	3	4	3	3
4	201802	梁笑	87	76	81	91	84	良好				
5	201803	吴军	77	84	66	74	75	良好				
6	201804	刘烨	80	88	91	78	84	良好				
7	201805	张静	45	67	53	72	59	不及格				
8	201806	马妮	37	60	56	39	48	不及格				
9	201807	宋金	82	93	97	89	90	优秀				
10	201808	陈可	96	86	98	88	92	优秀				
11	201809	杜凡	79	86	76	66	77	良好				
12	201810	方杰	76	75	68	72	73	及格				
13	201811	李可	56	64	42	54	54	不及格				
14	201812	林轩	67	81	69	77	74	及格				
15	201813	张林	62	66	63	64	64	及格				
16												

图 5-4-12　完成结果（4）

5.5 Excel 的数据处理

掌握对工作表中数据进行排序、筛选、分类汇总的方法。

5.5.1 数据筛选

筛选是查找和处理数据清单中数据子集的快捷方法。筛选清单仅显示满足条件的行，该条件由用户针对某列指定。Excel 2010 筛选分为自动筛选、自定义筛选和高级筛选。在 Excel "数据"选项卡"排序与筛选"组中单击相应按钮，如图 5-5-1 所示。

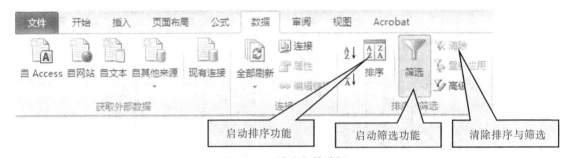

图 5-5-1 "排序与筛选"组

(1)单击列表区域。

(2)单击"数据"→"排序和筛选"→"筛选"按钮。

(3)选择与显示记录匹配的记录项目即可。

(4)单击"数据"→"排序和筛选"→"清除"按钮，重新显示列表中的所有记录。

(5)单击"数据"→"排序和筛选"→"筛选"按钮，取消筛选。

5.5.2 数据排序

首先单击要排序列中的任意单元格，然后单击"数据"→"排序和筛选"→"升序"按钮或"降序"按钮进行排序。在排序的过程中，数据按照由大到小或由小到大的顺序排序，文字默认的方法是按照待排数据首字的字母顺序排序。

5.5.3　分类汇总

分类汇总是建立在已排序的基础上,将相同类别的数据进行统计汇总,Excel 可以对工作表中选定的列进行分类汇总,并通过设置将分类汇总结果插入相应类别数据行的最上端或最下端。

操作步骤:

(1)在数据表中按分类字段排序。

(2)单击数据区域中的任意单元格,单击"数据"→"分级显示"→"分类汇总"按钮,打开"分类汇总"对话框,如图 5-5-2 所示。

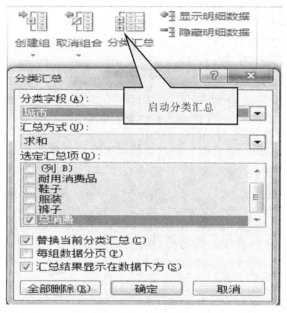

图 5-5-2　分类汇总

(3)在"分类字段"下拉列表中选择分类字段。

(4)在"汇总方式"下拉列表中选择"求和"命令。

实践训练

打开"5-5. xlsx":

1. 数据排序:使用 Sheet1 工作表中的数据,以"总分"为主要关键字,降序排序,次要关键字为"姓名",升序排序,如图 5-5-3 所示。

	A	B	C	D	E	F	G	H	I
1				成绩登记表					
2	学号	姓名	性别	语文	数学	英语	政治	总分	平均分
3	20170121	张华	男	96	80	86	91	353	88
4	20170115	崔小宁	男	90	73	83	98	344	86
5	20170109	张辉	男	81	91	91	77	340	85
6	20170105	张伟健	男	76	90	92	68	326	82
7	20170104	陈辰	女	69	88	78	89	324	81
8	20170118	李利	男	81	76	89	78	324	81
9	20170122	王枚	女	76	91	73	78	318	80
10	20170111	张宏伟	男	76	86	91	62	315	79
11	20170120	张建国	男	86	85	91	52	314	79
12	20170110	马晨曦	女	83	79	74	68	304	76
13	20170103	李莉	女	86	65	91	57	299	75
14	20170114	梁冰	女	75	91	67	56	289	72
15	20170119	王平	女	70	75	80	60	285	71
16	20170117	张亮	女	81	75	67	59	282	71
17	20170108	李强	女	67	78	87	44	276	69
18	20170102	张小川	男	90	67	67	52	276	69
19	20170116	赵志丹	男	65	61	88	61	275	69
20	20170101	田天	男	78	71	69	56	274	69
21	20170107	罗啸	男	61	60	63	88	272	68
22	20170106	刘涵雨	女	56	78	78	54	266	67
23	20170112	张晶	女	66	64	75	58	263	66
24	20170123	王小乐	男	81	78	55	47	261	65
25	20170113	刘旭	男	79	80	61	32	252	63

H ◀ ▶ H Sheet1 Sheet2 Sheet3

图 5-5-3　数据排序

2. 数据筛选:使用 Sheet2 工作表中的数据,筛选出"数学"大于等于 85 和"总分"大于等于 300 的记录,如图 5-5-4 所示。

	A	B	C	D	E	F	G	H	I
1				成绩登记表					
2	学号	姓名	性别	语文	数学	英语	政治	总分	平均分
6	20170104	陈辰	女	69	88	78	89	324	81
7	20170105	张伟健	男	76	90	92	68	326	82
11	20170109	张辉	男	81	91	91	77	340	85
13	20170111	张宏伟	男	76	86	91	62	315	79
22	20170120	张建国	男	86	85	91	52	314	79
24	20170122	王枚	女	76	91	73	78	318	80
26									
27									
28									

图 5-5-4　数据筛选

3. 数据分类汇总:使用 Sheet3 工作表中的数据,以"班级"为分类字段,将四门课程的成绩分别进行"平均值"分类汇总,如图 5-5-5 所示。

	A	B	C	D	E	F	G	H	I
1	成绩登记表								
2	学号	姓名	班级	语文	数学	英语	政治	总分	平均分
7			二(1) 平均值	80.75	78	68.5	64		
12			二(2) 平均值	75.75	85.5	88.5	66.75		
18			二(3) 平均值	76	73.4	77	64.4		
22			二(4) 平均值	72	78	76	54.66667		
27			二(5) 平均值	80.75	70.75	82	73.75		
31			二(6) 平均值	74.66667	81.33333	75.66667	60.33333		
32			总计平均值	76.91304	77.47826	78.08696	64.56522		
33									
34									
35									
36									

图 5-5-5　数据分类汇总

第 1 题：

在 Sheet1，选中所有数据→“排序和筛选”→自定义排序。主要关键字选“总分”，排序依据“数值”，数据次序“降序”；次要关键字选“姓名”，排序依据“数值”，数据次序“升序”。

第 2 题：

在 Sheet2，选中所有数据→“排序和筛选”→“筛选”，单击“数学”单元格里向下展开的按钮→“数字筛选”→“大于或等于”→85；单击“总分”单元格里向下展开的按钮→“数字筛选”→“大于或等于”→300。

第 3 题：

在 Sheet3，选中所有数据→“排序和筛选”→自定义排序，主要关键字选“班级”，排序依据“数值”，数据次序“升序”；“数据”→“分类汇总”，“分类字段”：班级，“汇总方式”：平均值，“选定汇总项”：选择语文、数学、英语和政治，“确定”。

理论练习

1. 在 Excel 2010 中，可使用 Excel 提供的(　　)功能，快速显示数据中符合条件的记录。

A. 数据有效性　　B. 条件格式　　C. 筛选　　D. 排序

2. 在 Excel 2010 中，可使用 Excel 提供的(　　)功能，快速按顺序显示某些记录。

A. 筛选　　B. 排序　　C. 数据有效性　　D. 条件格式

3. 在 Excel 2010 中，在对数据分类汇总前，要做的操作是(　　)。

A. 筛选　　B. 排序　　C. 合并　　D. 选择区域

4. 在 Excel 2010 中，筛选数据的方法有两种，分别是(　　)。

A. 分类筛选、高级筛选　　B. 自定义筛选、自动筛选

C. 行筛选、列筛选　　D. 自动筛选、高级筛选

5.“排序”按钮在(　　)选项卡。

A. 数据　　　　　　　B. 公式　　　　　　　C. 视图　　　　　　　D. 插入

6. "筛选"按钮在(　　　)选项卡。

A. 数据　　　　　　　B. 公式　　　　　　　C. 视图　　　　　　　D. 插入

实训练习

1. 打开"5-5-1.xlsx",按下列要求完成操作。

(1)使用 Sheet1 工作表中的数据,以"工资总额"为主要关键字,降序排序,结果如图 5-5-6 所示。

	A	B	C	D	E	F	G	H	I	J
1				浩特公司工资表						
2		编号	姓名	基本工资	效益工资	浮动率	工资	浮动额	工资总额	
3		10	门辉	3000	1400	1.2%	4400	53	4453	
4		11	陈进如	2800	1500	1.3%	4300	56	4356	
5		13	范金明	2400	1400	1.7%	3800	65	3865	
6		05	陈思明	2500	1200	1.5%	3700	56	3756	
7		07	刘文章	2200	1200	1.9%	3400	65	3465	
8		06	王小红	1900	1500	1.5%	3400	51	3451	
9		03	李明	2000	1000	1.5%	3000	45	3045	
10		02	张成功	1800	1000	1.4%	2800	39	2839	
11		09	林晓燕	1700	1100	0.5%	2800	14	2814	
12		12	谢志真	1700	1000	1.6%	2700	43	2743	
13		08	吴进	1800	800	1.4%	2600	36	2636	
14		04	王红兴	1750	700	0.8%	2450	20	2470	
15		01	刘友	1500	800	0.9%	2300	21	2321	
16										
17										

图 5-5-6　完成结果(1)

(2)使用 Sheet2 工作表中的数据,筛选出"基本工资"大于或等于 2000 的记录,"浮动率"小于或等于 1.5%的记录,结果如图 5-5-7 所示。

	A	B	C	D	E	F	G	H	I	J
1				浩特公司工资表						
2		编号	姓名	基本工	效益工	浮动率	工资	浮动额	工资总	
5		03	李明	2000	1000	1.5%	3000	45	3045	
7		05	陈思明	2500	1200	1.5%	3700	56	3756	
12		10	门辉	3000	1400	1.2%	4400	53	4453	
13		11	陈进如	2800	1500	1.3%	4300	56	4356	
16										
17										

图 5-5-7　完成结果(2)

(3)使用 Sheet3 工作表中的数据,以"部门"为分类字段,将"基本工资""效益工资""工资总额"分别进行"平均值"分类汇总,结果如图 5-5-8 所示。

	编号	姓名	部门	基本工资	效益工资	浮动率	工资	浮动额	工资总额
1	浩特公司工资表								
6			财务部 平均值	2233	1300		3533.333	47.66667	3581
10			生产部 平均值	2333	1233.333		3566.667	55.33333	3622
14			售后部 平均值	1750	833.3333		2583.333	33	2616.333
19			销售部 平均值	2025	1125		3150	39	3189
20			总计平均值	2081	1123.077		3203.846	43.38462	3247.231

图 5-5-8　完成结果(3)

2. 打开“5-5-2. xlsx”,按下列要求完成操作。

(1)使用 Sheet1 工作表中的数据,以“班级”为主要关键字,升序排序,结果如图 5-5-9 所示。

	A	B	C	D	E	F
1	学生违纪名单					
2	学号	学生姓名	班级	违纪情况	违纪时间	扣分情况
3	2018007	陈毅辉	服装	迟到	6月6日	0.5
4	2018009	郑子和	服装	迟到	6月6日	0.5
5	2018011	陈欣泽	服装	迟到	6月6日	0.5
6	2018013	杨青沁	服装	旷课	6月7日	1.0
7	2018014	陈沁燕	服装	迟到	6月7日	0.5
8	2018001	许多多	会计	迟到	6月5日	0.5
9	2018005	林辉	会计	旷课	6月5日	1.0
10	2018006	丁香	会计	旷课	6月6日	1.0
11	2018010	何泽园	会计	迟到	6月6日	0.5
12	2018015	李安安	会计	早退	6月7日	0.5
13	2018003	林夕	计算机	旷课	6月5日	1.0
14	2018004	吴非同	计算机	迟到	6月5日	0.5
15	2018008	张云其	计算机	旷课	6月6日	1.0
16	2018012	郑仁义	计算机	旷课	6月6日	1.0
17	2018016	于夏天	计算机	早退	6月7日	0.5
18	2018002	刘一诚	室内设计	早退	6月5日	0.5
19	2018017	徐晨浩	室内设计	迟到	6月8日	0.5
20	2018018	庄凯捷	室内设计	旷课	6月8日	1.0
21						

图 5-5-9　完成结果(1)

(2)使用 Sheet2 工作表中的数据,筛选出“旷课”的记录,如图 5-5-10 所示。

	A	B	C	D	E	F
1	学生违纪名单					
2	学号	学生姓名	班级	违纪情况	违纪时间	扣分情况
5	2018003	林夕	计算机	旷课	6月5日	1.0
7	2018005	林辉	会计	旷课	6月5日	1.0
8	2018006	丁香	会计	旷课	6月6日	1.0
10	2018008	张云其	计算机	旷课	6月6日	1.0
14	2018012	郑仁义	计算机	旷课	6月6日	1.0
15	2018013	杨青沁	服装	旷课	6月7日	1.0
20	2018018	庄凯捷	室内设计	旷课	6月8日	1.0
21						

图 5-5-10　完成结果(2)

（3）使用 Sheet3 工作表中的数据，以"班级"为分类字段，将"扣分情况"进行"求和"分类汇总，如图 5-5-11 所示。

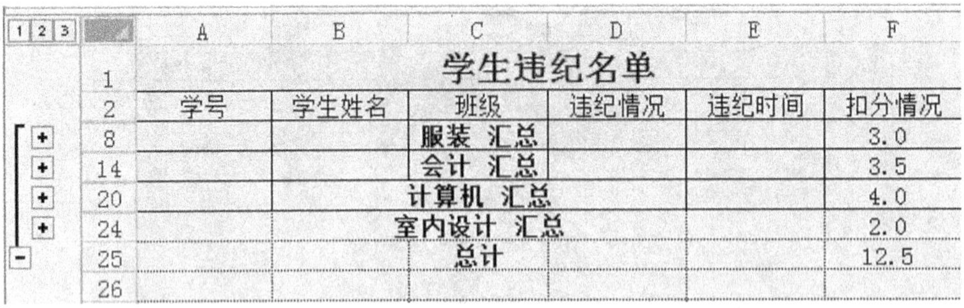

		A	B	C	D	E	F
1				学生违纪名单			
2		学号	学生姓名	班级	违纪情况	违纪时间	扣分情况
+	8			服装 汇总			3.0
+	14			会计 汇总			3.5
+	20			计算机 汇总			4.0
+	24			室内设计 汇总			2.0
-	25			总计			12.5
	26						

图 5-5-11　完成结果（3）

5.6　运用图表表现数据

考试要求

（1）了解常见图表的功能和使用方法；
（2）会创建与编辑数据图表。

知识讲解

图表是根据选定工作表中的数据区域按照一定的图表系列而生成的，是工作表数据的图形表示方法。它由点、线、面等图形与数据文件按特定的方式组合而成，具有直观形象、双向联动、二维坐标等特点。Excel 2010 提供了丰富的图表功能，可以利用这些功能方便地绘制不同的图表，其中常用的图表类型包括柱形图、折线图、饼图等，如图 5-6-1 所示。

5.6.1　创建图表

在 Excel 2010 中，不管创建何种类型图表，其依据都是工作表中的数据源，当工作表中的数据源改变时，图表也将做相应的变动，以反映出图表数据的变动情况。创建图表只需选中需要制作图表的数据源区域，然后在"插入"选项卡"图表"组中选择需要的图表类型；或者单击"图表"组中的对话框启动图标，在弹出的"插入图表"对话框中选择需要的图表类型。操作步骤如下：

（1）选定建立图表的数据区域部分，然后单击"插入"→"图表"组右下角的对话框启动器，打开"插入图表"对话框。

（2）在左侧列表框中选择需要的图表类型，如"柱形图"命令，然后在右边列表框中选择具体图形，如圆锥柱形图。

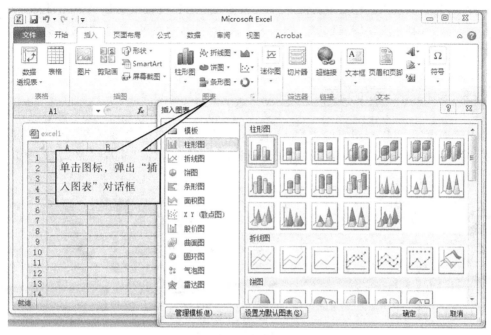

图 5-6-1 "插入图表"对话框

(3)新创建的图表将插入当前工作表中,如图 5-6-2 所示。

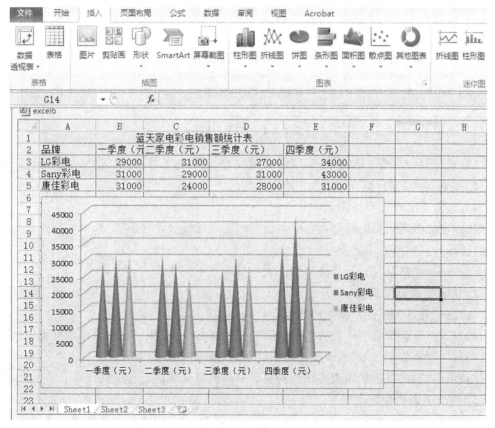

图 5-6-2 图表创建

此外,当图表嵌入工作表后,图表处于选中状态时,它所代表的数据单元格将显示不同的颜色,这样有利于观察图表数据。图表嵌入工作表后,使用鼠标可以根据需要对其进行适当的缩放和位置的调整。

5.6.2 编辑和格式化图表

图表创建后,可以对图表的类型、位置、大小及图表中的文字格式等进行调整和修改。可选中图表,选项卡中将自动出现"图表工具"及相应的"设计""布局""格式"选项卡,如图5-6-3所示。

图 5-6-3 图表工具

"设计"选项卡:可对图表的数据源、图表样式、图表布局、图表位置等进行修改。

"布局"选项卡:可以利用该工具对图表的各类标签、坐标轴、网格线、绘图区等进行修改,并可根据图表添加趋势线、折线、误差线等图表分析,如图5-6-4所示。

图 5-6-4 "布局"选项卡

"格式"选项卡:通过该选项卡,可以对图表的形状、艺术体样式、大小、排列等进行设置。

1. 图表类型的转换

(1)选中要更改类型的图表。

(2)单击"图表工具"→"设计"→"类型"→"更改图表类型"按钮,打开"更改图表类型"对话框,选择一种满意的图表类型。

(3)单击"确定"按钮,即可将所选图表类型应用于图表。

2. 图表数据源的调整

(1)选中要进行更改数据源的图表。

(2)单击"图表工具"→"设计"→"数据"→"选择数据"按钮,打开"选择数据源"对话框。

(3)在"图表数据区域"文本框中,更改图表数据源的区域。

(4)单击"确定"按钮,图表将根据所更改的数据源区域进行相应的改动。

3. 更改图表的位置

图表插入工作表后,可以对图表的位置进行调整,增强图表的可视性和美观程度。

方法一：拖动图表到适当的位置，释放鼠标即可。

方法二：首先选中需要更改位置的图表，然后单击"设计"→"位置"→"移动图表"按钮，打开"移动图表"对话框，在"移动图表"对话框中设置需要修改图表的位置，单击"确定"按钮，即可将图表调整到所设置的位置。

4. 图表格式的设置

在图表区空白区域右击，在弹出的快捷菜单中选择"设置图表区域格式"命令，在打开的"设置图表区格式"对话框中可以对图表区的边框、填充样式等进行设置。

5. 图表标题的设置

图表上方的文字部分为图表的标题部分，可以在文本框中更改该图表的标题，也可以通过删除文本框的方法删除该图表的标题，在"图表工具"→"布局"→"标签"组中进行设置。

6. 添加或修改横（纵）坐标标题

（1）选中要修改的图表，在"图表工具"→"设计"→"图表布局"组中选择合适的含有坐标轴标题的图表标题布局。

（2）选中要修改的坐标轴标题，右击，在弹出的快捷菜单中选择"编辑文字"命令即可修改文字。然后右击，在弹出的快捷菜单中选择"退出文本编辑"命令即可。

7. 图例的设置

单击"图表工具"→"布局"→"标签"→"图例"下拉按钮，在弹出的下拉列表中选择"其他图例选项"命令，打开"设置图例格式"对话框，在其中进行图例的格式设置即可。

8. 数据标签的设置

单击"图表工具"→"布局"→"标签"→"数据标签"下拉按钮，在弹出的下拉列表中选择相关选项来实现设置。数据标签链接到工作表中的数值会随源数值的变化而自动更新，在数据标签中可以显示系列名称、类别名称和百分比等。

实践训练

打开"5-6.xlsx"：

使用 Sheet1 工作表中的数据，分析二（3）班同学的成绩情况，使用"姓名、语文、数学、英语、政治"5 列数据创建一个簇状柱形图，如图 5-6-5 所示。

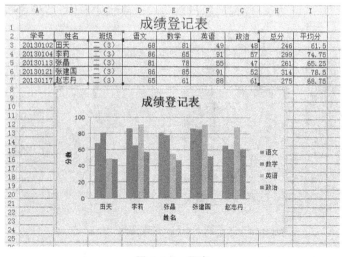

图 5-6-5　图表

选择 B2:B7 和 D2:G7,单击"插入"菜单→"图表"→"柱形图"→"簇状柱形图",单击"图表工具"菜单→"设计"→"图表布局",选择"布局9",标题处输入"成绩登记表",水平轴输入"姓名",垂直轴输入"分数"。

理论练习

1. 当 Excel 2010 工作表中的数据发生变化时,图表将会(   )。

A. 改变数据源　　　　B. 自动更新　　　　C. 改变类型　　　　D. 保持不变

2. 在 Excel 2010 中,删除工作表中对图表有链接的数据时,图表(   )。

A. 不会发生变化　　　　　　　　B. 必须编辑删除相应的数据点

C. 自动删除相应的数据点　　　　D. 上述说法都不对

3. 在 Excel 2010 中,图表中的大多数图表项(   )。

A. 可被移动或调整大小　　　　B. 不能被移动或调整大小

C. 固定不动　　　　　　　　　D. 可被移动,但不能调整大小

4. 在 Excel 2010 中,图表是(   )。

A. 根据工作表数据用画图工具绘制的　　B. 工作表数据的图形表示

C. 可以用画图工具进行编辑的矢量图　　D. 位图文件

5. 下面关于 Excel 2010 图表的说法,正确的是(   )。

A. 对于嵌入图表,当其对应的数据改变时,图表也发生相应的改变;而独立式图表不会在其对应的数据改变时自动发生改变

B. 嵌入图表不可以在工作表中移动和改变大小

C. Excel 2010 图表既可以是嵌入图表,也可以是独立式图表,它们的不同在于独立式图表必须与产生图表的数据在一个工作表中

D. 无论是嵌入图表,还是独立式图表,当其对应的数据发生改变时,图表都会发生相应的改变

实训练习

1. 打开"5-6-1.xlsx",按下列要求完成操作。

使用"姓名"和"工资总额"两列的数据创建一个簇状柱形图,结果如图 5-6-6 所示。

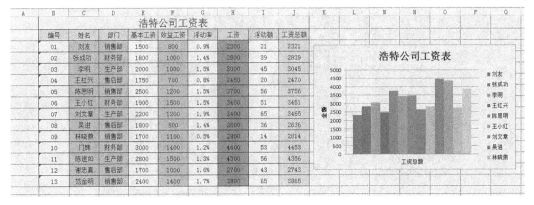

图 5-6-6　完成结果

2. 打开"5-6-2. xlsx",按下列要求完成操作。

使用"日期"和"温差"两列数据创建一个带数据标记的折线图,结果如图 5-6-7 所示。

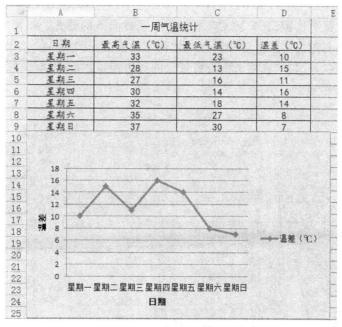

图 5-6-7 完成结果

5.7 Excel 2010 的页面设置与打印

(1)熟练掌握设置工作表页面格式的方法;

(2)会进行打印预览,会打印输出文档内容。

5.7.1 设置打印区域

(1)打开工作表,用鼠标拖动选择需打印的数据区域。

(2)单击"页面布局"选项卡→"页面设置"→"打印区域"按钮,在其下拉列表中选择"设置打印区域"命令即可。

5.7.2 设置页面

页面设置包括页边距、页眉、页脚、纸张大小及方向等的设置。单击"页面布局"选项卡
→"页面设置"组右侧的对话框启动器，弹出"页面设置"对话框。在"页面"选项卡中设置纸
张大小和方向；在"页边距"选项卡中设置纸张的页边距；在"页眉/页脚"选项卡中设置页眉/
页脚，如图 5-7-1 所示。

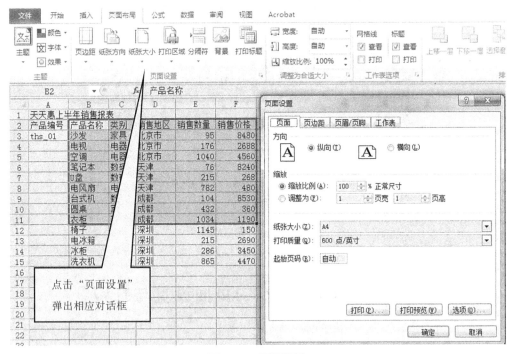

图 5-7-1　页面设置

5.7.3 打印预览

设置好工作表的页面布局后，单击"文件"→"打印"命令，窗口右侧显示"打印预览"效
果，窗口左侧可以进行打印设置，如份数、打印机、页面范围、单双面打印、打印方向、页面边
距、缩放比例等，如图 5-7-2 所示。也可以单击"页面设置"按钮，在弹出的"页面设置"对话
框中设置。设置完成后，单击"打印"按钮即可按照设置的内容进行打印输出。

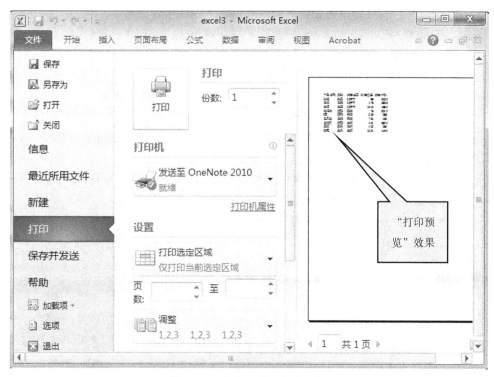

图 5-7-2　打印预览及打印设置

5.7.4　打印标题

当工作表纵向超过一页长,或横向超过一页宽时,需要指定在每一页上都重复打印标题行或列。

(1)打开需要打印的 Excel 工作簿文件。

(2)单击"页面布局"选项卡→"打印标题"按钮,即可实现指定在每一页上都重复打印标题行或列,如图 5-7-3 所示。

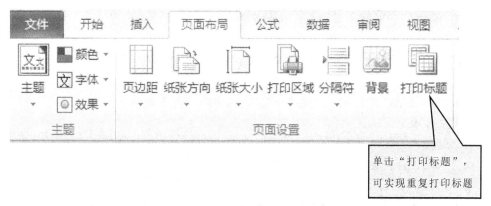

图 5-7-3　打印标题设置

5.7.5 分页符

Excel 2010 能根据工作表内容和纸张大小、边距等进行自动分页。若要根据实际情况进行分页，可以使用分页符进行人工分页，分页符在工作表中起强制分页的作用。

（1）打开需要打印的 Excel 工作簿文件。

（2）选择工作表中的某个单元格，单击"页面布局"选项卡→"分隔符"按钮→"插入分页符"，即可实现在指定位置分页，如图 5-7-4 所示。

（3）当插入分页符后，会有虚线显示。可以执行"视图"→"分页预览"命令，查看分页情况。通过鼠标拖移分页符，调整分页。

（4）选择待删除分页符右边的单元格，单击"页面布局"选项卡→"分隔符"按钮→"删除分页符"，即可删除相应分页符，如图 5-7-4 所示。

图 5-7-4 分页符设置

实践训练

打开"5-7.xlsx"：

1. 打印区域设置：将 A1:D26 设为打印区域。

2. 页面设置：将上下边距设为 2.5，左右边距设为 2，居中方式为水平。

3. 设置"宣辉超市第四季度各类商品销售情况表（元）"为打印标题。

4. 在第 18 行的前面及 E 列的左边分别插入分页符。

第 1 题：

选择 A1:D26，单击"页面布局"菜单→"打印区域"→"设置打印区域"。

第 2 题：

单击"页面布局"菜单→"页边距"→"自定义边距"，上下边距改为 2.5，左右边距改为 2，居中方式选择水平。

第 3 题：

单击"页面布局"菜单→"打印标题"，在顶端标题行选择第一行。

第 4 题：

单击 E18 单元格，单击"页面布局"菜单→"页面设置"→"分隔符"→"插入分页符"。

理论练习

1. 在"页面设置"对话框中,4 个选项卡的名称分别是(　　)。

A. 打印预览、打印　　　　　　　　　B. 页面、页边距、页眉/页脚、单元格

C. 页面、页边距、页眉/页脚、工作表　　D. 页面、页边距、选项、工作表

2. 在打印 Excel 2010 的工作簿时,先进行页面设置,不可以进行的设置是(　　)。

A. 设置打印区域　　　B. 设置缩放比例　　　C. 设置打印方向　　　D. 设置打印质量

3. 能实现将工作表页面的打印方向指定为横向的设置是(　　)。

A. 进入"页面布局"选项卡,选中"纸张方向"选区下的"打印区域"命令

B. 进入 Office 按钮下的"打印预览"选项,选中"方向"选区下的"横向"单选框

C. 进入"页面布局"选项卡,选中"纸张方向"选区下的"横向"命令

D. 快速访问工具栏中的"打印预览"按钮

4. 在 Excel 2010 中,通过"页面设置"组中的"纸张方向"按钮,可以设置(　　)。

A. 垂直和平行　　　B. 纵向和垂直　　　C. 横向和垂直　　　D. 横向和纵向

5. 在 Excel 2010 中,以下(　　)不可以在"页面设置"组中设置。

A. 使每页具有相同标题的"顶端"标题行　　B. 页眉和页脚

C. 页边距　　　　　　　　　　　　　　　　D. 打印区域

实训练习

1. 打开"5-7-1. xlsx",按下列要求完成操作。

(1)页面设置:页面方向为横向,将上下边距设为 2.4,左右边距设为 2.3,居中方式为水平;

(2)打印区域设置:将 A1:H19 设为打印区域;

(3)设置"学生成绩表"为打印标题;

(4)在第 11 行的前面及 I 列的左边分别插入分页符。

2. 打开"5-7-2. xlsx",按下列要求完成操作。

(1)页面设置:页面方向为纵向,将上下边距设为 1.6,左右边距设为 2.0,居中方式为垂直和水平;

(2)打印区域设置:将 A1:G48 设为打印区域;

(3)设置"第 14 周学生违纪情况登记表"为打印标题;

(4)在第 24 行的前面及 H 列的左边分别插入分页符。

第6章　演示文稿处理软件(PowerPoint 2010)的应用

本章要点

1. 演示文稿的基本操作；
2. 修饰演示文稿；
3. 编辑演示文稿对象；
4. 播放演示文稿。

6.1　演示文稿的基本操作

考试要求

(1)熟练掌握演示文稿的创建、打开、关闭与退出操作；

(2)熟练掌握演示文稿的编辑、保存及浏览操作；

(3)熟练掌握幻灯片的选择、插入、复制、移动和删除操作。

知识讲解

6.1.1　演示文稿的创建、打开、关闭与退出操作

1. 启动演示文稿

(1)单击"开始"菜单启动演示文稿软件。选择"开始"菜单→"所有程序"→"Microsoft Office"→"Microsoft PowerPoint 2010"菜单，即可启动程序(图 6-1-1)。

(2)使用快捷菜单启动。在桌面或者文件夹下的空白区域，鼠标右击，将弹出快捷菜单(图 6-1-2)。

(3)双击桌面上的 PowerPoint 快捷图标(图 6-1-3)。

(4)双击演示文稿文件图标(图 6-1-4)。

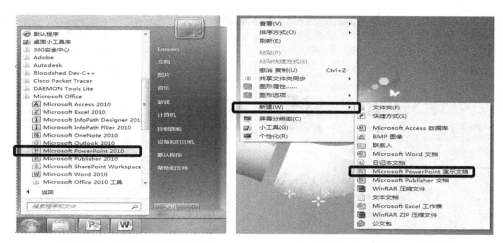

图 6-1-1　启动 PPT 方法(1)　　　　　　图 6-1-2　启动 PPT 方法(2)

图 6-1-3　启动 PPT 方法(3)

图 6-1-4　启动 PPT 方法(4)

2. 创建演示文稿

单击"文件"→"新建"→创建"空白演示文稿"(图 6-1-5)。

除创建最简单的空白文档之外,PowerPoint 还可以根据样本模板、主题、现有内容和 Office.com 模板创建演示文稿(图 6-1-6)。

图 6-1-5　创建空白演示文稿

3. 保存演示文稿

单击"文件"→"保存"可以不改名字地保存幻灯片文件,单击"文件"→"另存为"可以为

图 6-1-6　使用模板创建演示文稿

幻灯片文件更改名字保存。PowerPoint 2010 幻灯片文件的默认后缀名为 pptx。PowerPoint 2010 也可以把文件保存为 pdf、图片等格式文件。

4. 关闭演示文稿

(1)单击 PowerPoint 2010 窗口右上角的"关闭"按钮 ▢▢✕ 。

(2)单击 Office 按钮 P ，弹出如图 6-1-7 所示的菜单，单击"关闭"。

(3)使用快捷键关闭：Alt＋F4。

(4)双击 Office 按钮 P 。

(5)右击任务栏上 PPT 任务图标，单击"关闭窗口"(图 6-1-8)。

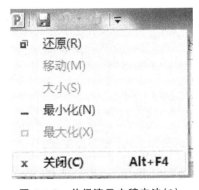

图 6-1-7　关闭演示文稿方法(1)　　　　　**图 6-1-8　关闭演示文稿方法(2)**

(6)当应用程序处于无响应状态情况，按下快捷键 Ctrl＋Alt＋Del，启动任务管理器，强行退出 PowerPoint。

5. PowerPoint 视图

PowerPoint 2010 提供了"普通视图""幻灯片浏览""备注页""阅读视图"4 种视图模式。

用户在各个视图中都可以对演示文稿进行编辑。用户可以在功能区中选择"视图"选项卡，然后在"演示文稿视图"选项区域中选择相应的按钮即可改变视图模式，如图 6-1-9 所示。

图 6-1-9　演示文稿视图

6.1.2　输入、编辑演示文稿

1. 文稿编辑

图 6-1-10 是 PowerPoint 2010 典型的编辑界面。占位符是用来存放文字和图形的容器，用户既可以对其中的文字进行编辑和格式设置，也可以对占位符本身进行格式设置。不论是编辑文本还是编辑占位符，都要先选中它们，然后才能进行复制、剪切、粘贴和删除等编辑操作。

图 6-1-10　PowerPoint 2010 窗口界面

2. 格式化文本

选中文本,单击"开始"→"字体"工具面板中相应的工具按钮或打开"字体"对话框,可以对文本的字体、字形、字号和字体颜色等属性进行设置,这与 Word 工具软件中的操作相似。

6.1.3 插入、复制、移动和删除演示文稿

1. 添加幻灯片

在演示文稿中,单击"开始"选项卡,在功能区"幻灯片"选项区域中单击"新建幻灯片"按钮,即可添加一张默认版式的幻灯片。当需要应用其他版式时,单击"新建幻灯片"右下方的下拉按钮,在打开的菜单中选择需要的版式即可(图 6-1-11)。

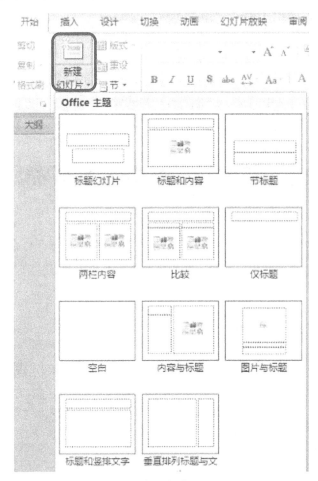

图 6-1-11 添加幻灯片

2. 复制幻灯片

(1)在普通视图中单击需要复制的幻灯片,"开始"→"复制"。

(2)单击目标位置前面的那张幻灯片,"开始"→"粘贴"。

3. 移动幻灯片

在普通视图中,可以首先选中需要移动的幻灯片,然后按住鼠标左键拖动选中的幻灯

片,当目标位置上出现一条横线时,释放鼠标,完成幻灯片位置的调换。

4. 删除幻灯片

在幻灯片预览窗格中选中需要删除的幻灯片,按下 Delete 键即可删除幻灯片。

实践训练

打开素材"zhshxc.pptx",按要求操作。

1. 在演示文稿开始处插入一张"标题幻灯片",作为文稿的第一张幻灯片,标题键入"八闽职业技术学校",设置为黑体,加粗,54 磅,颜色为橙色,强调文字颜色 6,深色 25%。

2. 移动第二张幻灯片,使之成为第四张幻灯片,标题为"立德树人",字体设置为黑体,字号 48 磅,加粗。

3. 复制第三张幻灯片,将其移到第五张幻灯片的前面,在标题区输入"校园文化建设",字体为仿宋_GB2312,字号为 48 磅,字形加粗。

4. 在幻灯片浏览视图中查看已经编辑好的幻灯片,将第三张幻灯片删除。

5. 完成后直接保存并关闭 PowerPoint 程序。

操作指导

1. 在演示文稿开始处插入一张"标题幻灯片",作为文稿的第一张幻灯片(图 6-1-12、图 6-1-13);标题键入"八闽职业技术学校",设置为黑体,加粗,54 磅,颜色为橙色,强调文字颜色 6,深色 25%(图 6-1-14)。

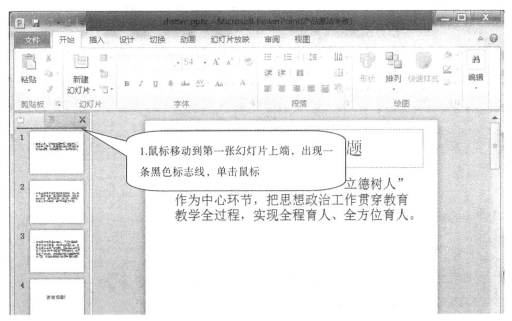

图 6-1-12　新建演示文稿

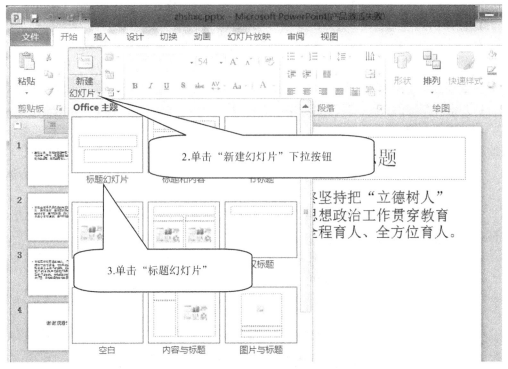

图 6-1-13 设置幻灯片版式

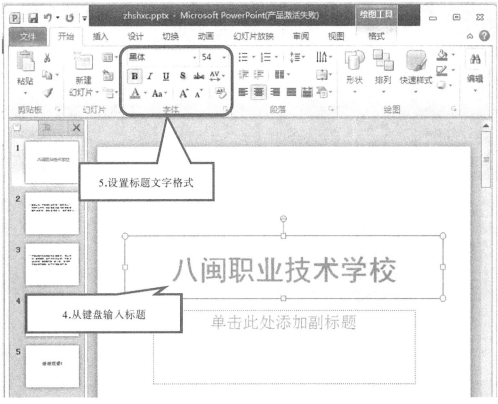

图 6-1-14 设置标题格式

2. 移动第二张幻灯片，使之成为第四张幻灯片（图 6-1-15），标题为"立德树人"，字体设置为黑体，字号 48 磅，加粗。

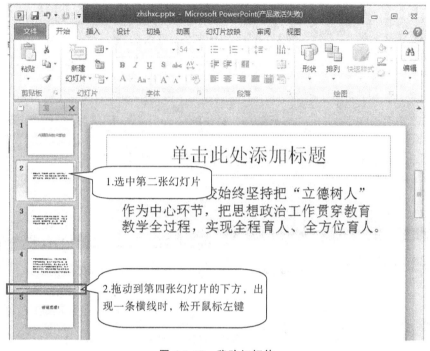

图 6-1-15　移动幻灯片

3. 复制第三张幻灯片，将其移到第五张幻灯片的前面，在标题区输入"校园文化建设"，字体为仿宋_GB2312，字号为 48 磅，字形加粗，如图 6-1-16。

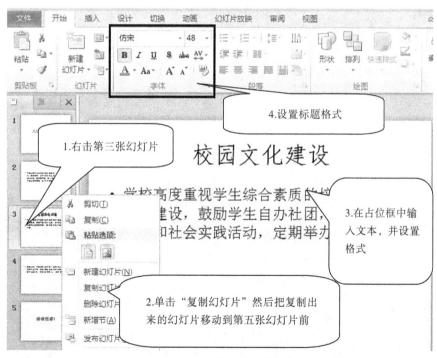

图 6-1-16　复制幻灯片

4. 在幻灯片浏览视图中查看已经编辑好的幻灯片(图 6-1-17),将第三张幻灯片删除(图 6-1-18)。

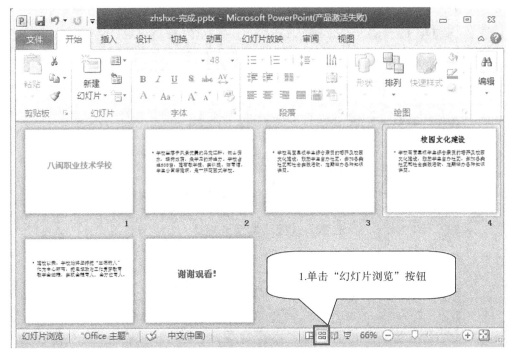

图 6-1-17　查看幻灯片

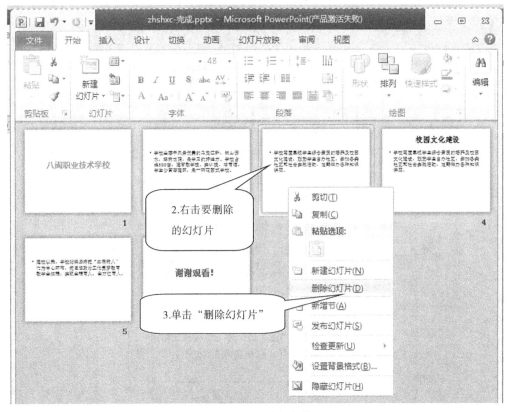

图 6-1-18　删除幻灯片

5. 完成后直接保存并关闭 PowerPoint 程序,如图 6-1-19。

1.单击"保存"

2.单击"关闭"

图 6-1-19　关闭 PowerPoint 程序

 理论练习

1. PowerPoint 是一个(　　)软件。

A. 文档处理　　　　B. 表格处理　　　　C. 演示文稿制作　　D. 制图

2. PowerPoint 2010 系统默认的视图方式是(　　)。

A. 大纲视图　　　　B. 普通视图　　　　C. 浏览视图　　　　D. 幻灯片视图

3. 下列(　　)是 PowerPoint 2010 默认的文件保存类型。

A. pptx　　　　　　B. docx　　　　　　C. excel　　　　　　D. ppt

4. 在 PowerPoint 2010 中,不属于文本占位符的是(　　)。

A. 标题　　　　　　B. 普通文本　　　　C. 副标题　　　　　D. 图表

5. 在如下(　　)视图里最适合移动、复制幻灯片。

A. 普通　　　　　　B. 幻灯片浏览　　　C. 备注页　　　　　D. 大纲

实训练习

1. 打开"lx1. pptx",按如下要求完成操作,并保存。

(1)将第一张幻灯片中标题字体设置为"华文隶书,加粗,蓝色"。

(2)将第二张幻灯片的版式设置为标题和竖排文字。

(3)设置幻灯片的主题方案为流畅。

2. 新建"lx2. pptx",按如下要求完成操作,并保存。

(1)在演示文稿开始处插入一张"标题幻灯片",作为文稿的第一张幻灯片,标题键入"福建省邮电学校",设置为华文隶书,加粗,72 磅。

(2)在演示文稿开始处插入一张版式为"两栏内容"的幻灯片,标题为"校园风光",左侧内容区的文本内容设置为"福建省邮电学校创办于 1958 年,是福建省唯一一所集通信类学历教育、成人教育、通信企业在职员工培训于一体的通信类全日制公办国家级重点中专。学校坐落于福州市仓山区闽江畔,依山傍水,环境优美",右侧内容区域插入练习文件夹 lx2 下的图片"校园风光.jpg"。

(3)移动第一张幻灯片,使之成为第二张幻灯片。

3. 打开"lx3. pptx",按如下要求完成操作,并保存。

(1)在演示文稿开始处插入一张"标题幻灯片",作为文稿的第一张幻灯片,标题键入"福建省邮电学校"，字体设置为华文新魏，72磅，红色，副标题键入"全日制公办国家级重点中专"，字体设置为华文新魏，36磅，黑色。

（2）设置幻灯片的主题方案为奥斯丁。

（3）设置幻灯片的主题颜色为沉稳。

（4）修改第二张幻灯片版式为标题和竖排文字，设置背景为练习文件夹lx3下的图片"背景.jpg"。

（5）复制第二张幻灯片创建第三张幻灯片，标题设置为"校园风光"，标题字体设置为华文行楷，字号48，橙色。

4. 打开"lx4. pptx"，按如下要求完成操作，并保存。

（1）使用"新闻稿"模板修饰全文，幻灯片背景样式设置为样式7。

（2）在幻灯片浏览视图中查看已经编辑好的幻灯片，将第三张幻灯片删除。

5. 打开"lx5. pptx"，按如下要求完成操作，并保存。

（1）将第一张幻灯片中标题字体设置为华文隶书，加粗，蓝色。

（2）按样文A（图6-1-20）将第二张幻灯片的版式设置为对比，字体样式设置为参照样文。

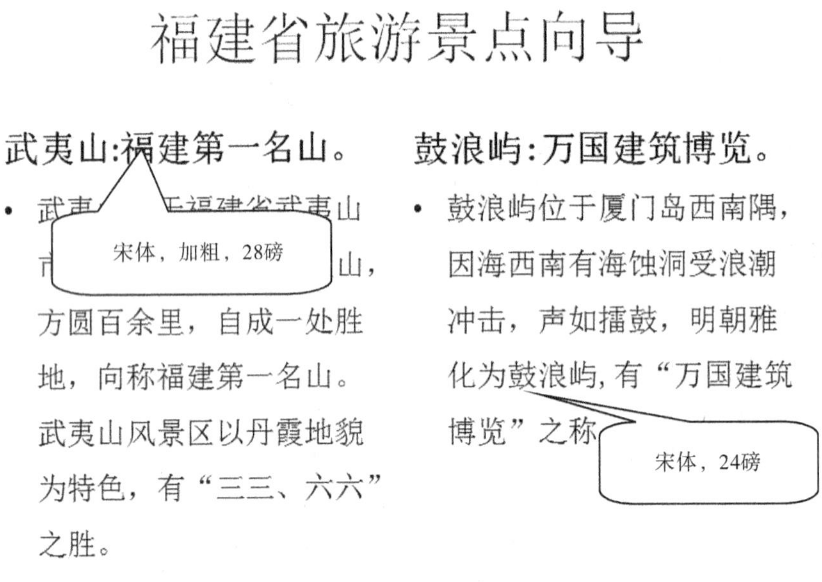

福建省旅游景点向导

武夷山：福建第一名山。

- 武夷山位于福建省武夷山
  市，（宋体，加粗，28磅）山，
  方圆百余里，自成一处胜
  地，向称福建第一名山。
  武夷山风景区以丹霞地貌
  为特色，有"三三、六六"
  之胜。

鼓浪屿：万国建筑博览。

- 鼓浪屿位于厦门岛西南隅，
  因海西南有海蚀洞受浪潮
  冲击，声如擂鼓，明朝雅
  化为鼓浪屿，有"万国建筑
  博览"之称（宋体，24磅）

图 6-1-20　样文 A

（3）将第二张幻灯片的背景设置为练习文件夹lx5下的图片"背景.jpg"。

6.2　修饰演示文稿

考试要求

(1)熟练掌握幻灯片版式的更换方法;

(2)熟练掌握幻灯片母版的应用方法;

(3)掌握设置幻灯片背景及配色方案。

知识讲解

在 PowerPoint 演示文稿制作过程中,可以利用幻灯片"版式"和"设计"修饰演示文稿,也可以通过设计母版在所有幻灯片中插入相同对象,使制作的演示文稿风格一致、美观大方,增强演示效果。

6.2.1　幻灯片的版式

幻灯片版式的设置可以实现快速对文字、图片等对象的布局。在"开始"工具面板中,单击"版式"工具按钮可以选择幻灯片的版式(图 6-2-1)。

图 6-2-1　设置幻灯片版式

6.2.2 幻灯片的母版

幻灯片母板存储了幻灯片字形、占位符大小或位置、背景和配色方案等幻灯片的设置信息。在"视图"工具面板中，单击"幻灯片母版"工具按钮可以进入到"幻灯片母版"工具面板，实现对幻灯片母版的设计。

6.2.3 幻灯片的配色方案与背景

在"设计"工具面板中，在"主题"模块应用幻灯片的主题，单击"背景样式"工具按钮设计幻灯片的背景样式，如图 6-2-2。

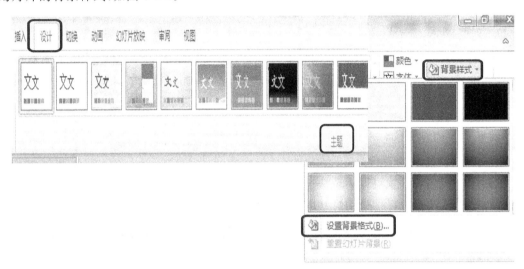

图 6-2-2　设置幻灯片配色方案和背景

实践训练

打开素材"zhshxc2.pptx"，按要求操作。

1. 将第二页幻灯片版式更改为"标题和内容"，并在标题处键入"梦想的摇篮"。
2. 每一张幻灯片右下角添加"八闽职业技术学校"字样。
3. 使用"沉稳"模板修饰全文，幻灯片背景样式设置为"样式 9"。

操作指导

1. 将第一页幻灯片版式更改为"标题和内容"，并在标题处键入"梦想的摇篮"（图 6-2-3）。

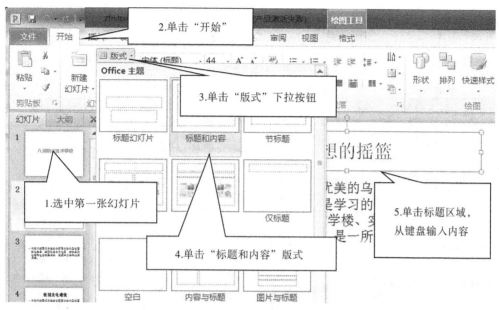

图 6-2-3　设置幻灯片版式

2. 每一张幻灯片右下角添加"八闽职业技术学校"字样（图 6-2-4、图 6-2-5）。

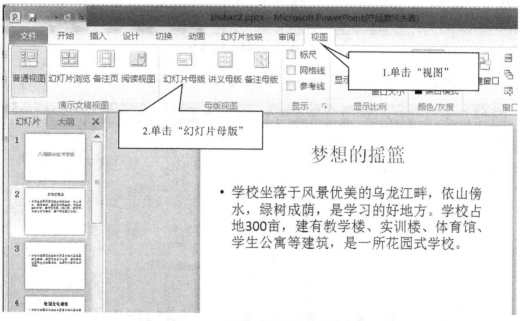

图 6-2-4　进入幻灯片母版设置界面

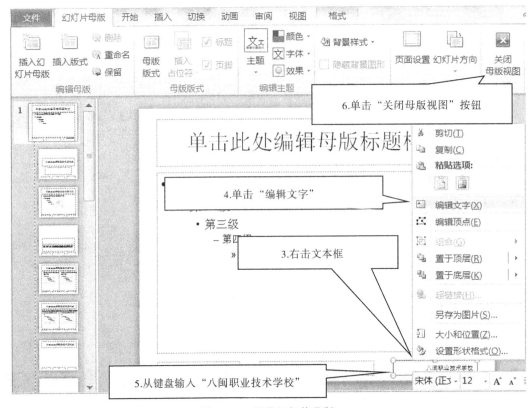

图 6-2-5　设置幻灯片母版

3. 使用"沉稳"模板修饰全文（图 6-2-6），幻灯片背景样式设置为"样式 9"（图 6-2-7）。

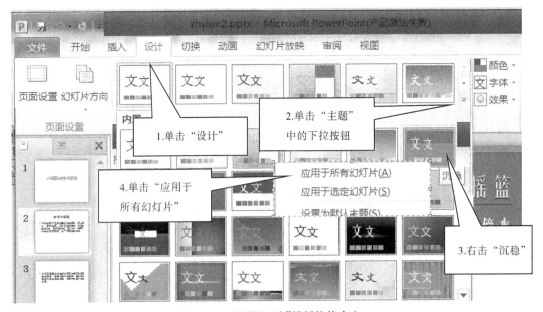

图 6-2-6　使用"沉稳"模板修饰全文

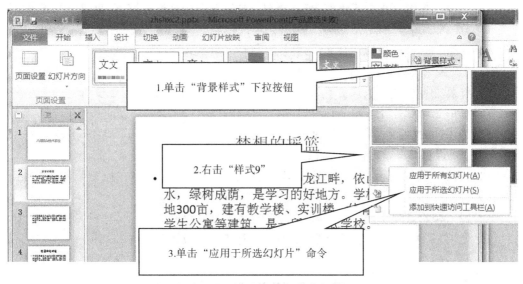

图 6-2-7　设置主题与背景样式

理论练习

1. 在 PowerPoint 中,(　　)操作能够使用幻灯片模板改变幻灯片的背景、标题字体格式。

A. 幻灯片版式　　　　B. 幻灯片放映　　　　C. 幻灯片切换　　　　D. 幻灯片设计

2. 将图片插入(　　)中,则这张图片将出现在每一张幻灯片中。

A 幻灯片模板　　　　B. 幻灯片母版　　　　C. 标题幻灯片　　　　D. 备注页

3. 要背景设置对文件中所有的幻灯片生效,应在"背景"对话框中选择(　　)。

A. 应用　　　　　　　B. 取消　　　　　　　C. 全部应用　　　　　D. 确定

4. 为所有幻灯片设置统一的、特定的外观风格,应使用(　　)。

A. 母版　　　　　　　B. 自动版式　　　　　C. 放映方式　　　　　D. 幻灯片切换

5. PowerPoint 2010 默认的版式是(　　)。

A. 标题幻灯片　　　　B. 标题　　　　　　　C. 两栏内容　　　　　D. 仅标题

实训练习

1. 打开素材"1. pptx",按要求操作。

(1)将第一页幻灯片版式更改为"标题和内容",并在标题处键入"鼓浪屿";

(2)每一张幻灯片右下角添加"旅游胜地"字样;

(3)使用"跋涉"模板修饰全文,幻灯片背景样式设置为"样式 12"。

2. 打开素材"2. pptx",按要求操作。

(1)将第一页幻灯片版式更改为"标题和竖排文字";

(2)每一张幻灯片左下角添加日期样式,如"2018 年 5 月 18 日";

(3)使用"顶峰"模板修饰全文,幻灯片背景样式设置为"样式 7"。

3. 打开素材"3. pptx",按要求操作。

（1）将第一页幻灯片版式更改为"标题幻灯片"，并在副标题处键入"福建泉州清源山"；

（2）每一张幻灯片右下角添加"名胜传说"字样；

（3）使用"流畅"模板修饰全文，幻灯片背景样式设置为"样式6"。

4. 打开素材"4.pptx"，按要求操作。

（1）将第一页幻灯片版式更改为"仅标题"，并在标题处键入"福建土楼"；

（2）每一张幻灯片左下角添加"世界遗产"字样；

（3）使用"龙腾四海"模板修饰全文，幻灯片背景样式设置为"样式13"。

5. 打开素材"5.pptx"，按要求操作。

（1）将第一页幻灯片版式更改为"垂直排列标题与文本"，并在标题处键入"厦门园博苑"；

（2）每一张幻灯片中间添加"和谐共存·传承发展"字样；

（3）使用"暗香扑面"模板修饰全文，幻灯片背景样式设置为"样式5"。

6.3　编辑演示文稿对象

考试要求

（1）熟练掌握文字格式的复制；

（2）熟练掌握在幻灯片中插入、编辑剪贴画、艺术字、自选图形等内置对象；

（3）掌握在幻灯片中插入图片、音频、视频等外部对象；

（4）掌握在幻灯片中建立表格与图表；

（5）掌握创建动作按钮、建立幻灯片的超链接。

知识讲解

6.3.1　文字格式复制

在编辑PPT文档时，经常需要将指定文本的格式沿用到其他文本上，使用格式刷可以快速地实现文字格式复制（图6-3-1）。除了格式刷外，也可以使用快捷键Ctrl+Shift+C进行格式复制，快捷键Ctrl+Shift+V实现格式粘贴。

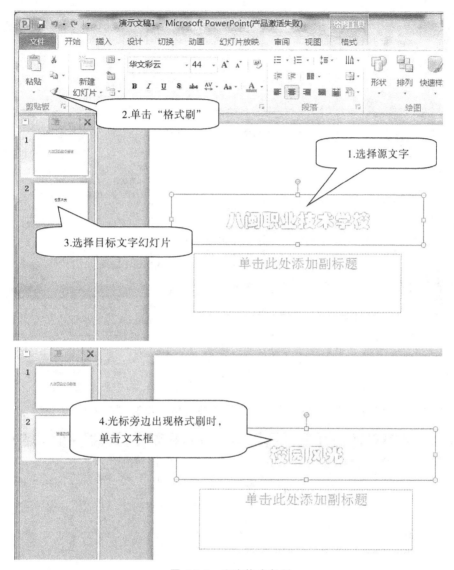

图 6-3-1　文字格式复制

6.3.2　在幻灯片中创建、编辑内置对象（剪贴画、图形、艺术字）

在演示文稿中使用各种媒体对象，发挥多种媒体的各自特点，会使演示文稿更加生动、形象，从而增强了演示文稿的吸引力和感染力。

1. 创建、编辑剪贴画对象

在"插入"工具面板中，单击"剪贴画"工具按钮，在"剪贴画"窗口选择剪贴画，可以创建剪贴画对象（图 6-3-2）。

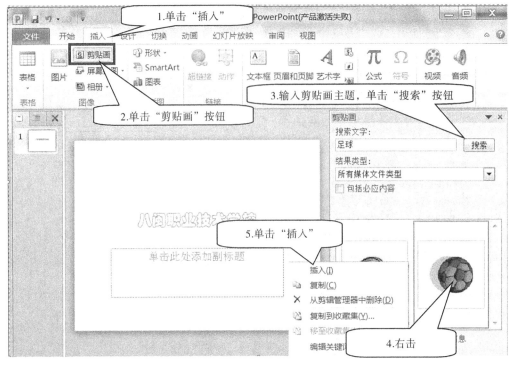

图 6-3-2　创建剪贴画对象

选中剪贴画，在格式工具栏中可以对剪贴画进行格式设置（图 6-3-3）。

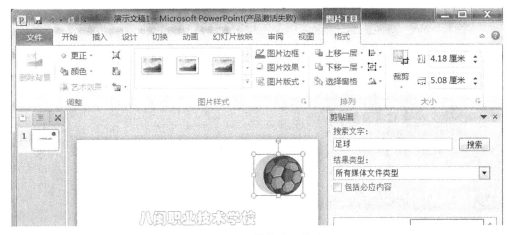

图 6-3-3　设置剪贴画格式

2. 创建、编辑图形对象

在"插入"工具面板中单击"形状"工具按钮，可以创建图形对象（图 6-3-4），选中图形在"格式"工具面板中可以编辑图形对象（图 6-3-5）。

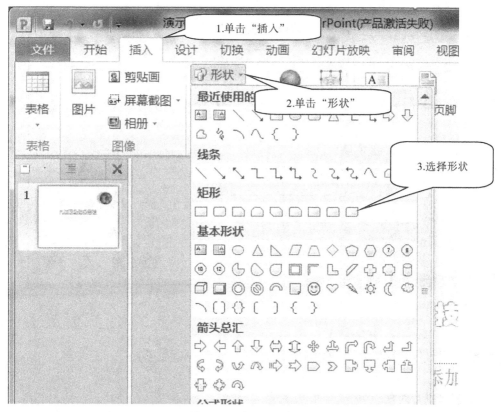

图 6-3-4　创建图形对象

图 6-3-5　设置图形对象格式

3. 创建、编辑艺术字对象

在"插入"工具面板中单击"艺术字"工具按钮可以创建艺术字对象（图 6-3-6），艺术字的编辑方式和 Word 中艺术字的编辑一样。

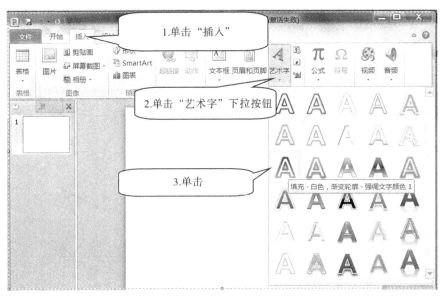

图 6-3-6　创建艺术字

6.3.3　在幻灯片中创建、编辑外部对象（音频、视频、图片）

1. 创建图片对象

在"插入"工具面板中，单击"图片"工具按钮，在"插入图片"对话框中选择图片文件，可以在幻灯片中创建图片（图 6-3-7）。选中图形，在"格式"工具栏中可以设置图片格式。

图 6-3-7　创建图片对象

2. 创建、播放音频对象

在"插入"工具面板中,单击"音频"工具按钮,在"文件中的音频"对话框中选择音频文件,可以在幻灯片中创建音频对象(图 6-3-8)。

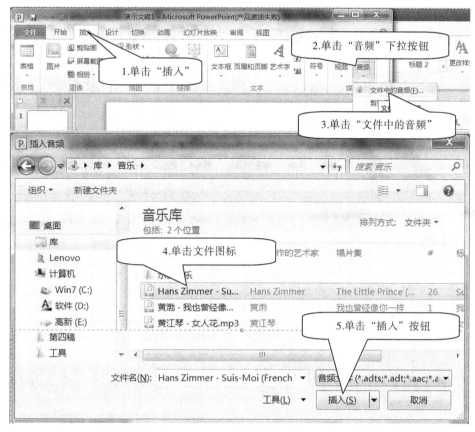

图 6-3-8　创建音频对象

对于音频对象,我们通常在"播放"工具面板中对播放方式和播放效果进行设置(图 6-3-9)。

图 6-3-9　设置音频播放方式

3. 创建、播放视频对象

在"插入"工具面板中,单击"视频"工具按钮,在"文件中的视频"对话框中选择视频文件,可以在幻灯片中创建视频对象(图6-3-10),在"播放"工具面板中可以设置播放方式(图6-3-11)。

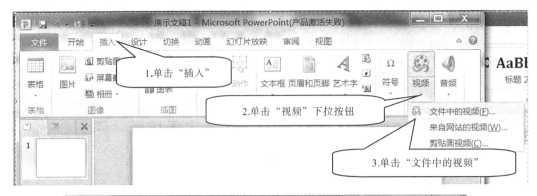

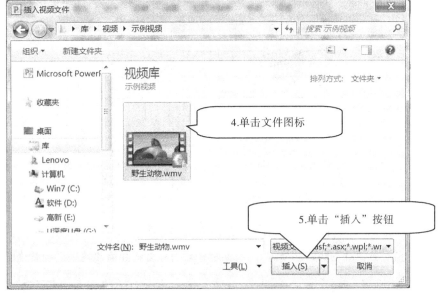

图 6-3-10　创建视频对象

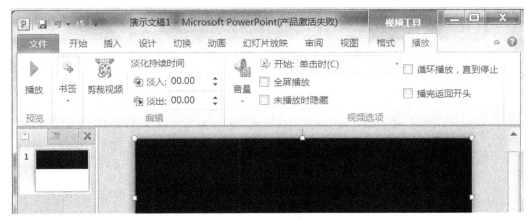

图 6-3-11　设置视频播放方式

6.3.4　在幻灯片中创建、编辑表格与图表

在"插入"面板中,单击"表格"按钮,可以在幻灯片上建立表格(图 6-3-12)。

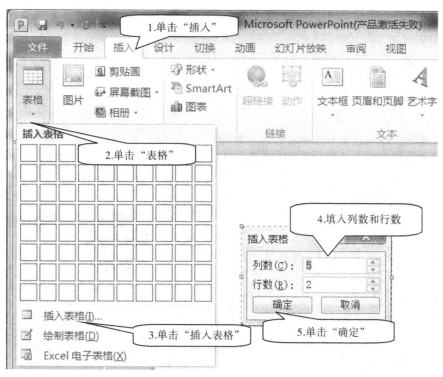

图 6-3-12　创建表格对象

在"插入"面板中,单击"图表"按钮,可以在幻灯片上建立图表(图 6-3-13)。

图 6-3-13　创建图表对象

6.3.5　在幻灯片中创建动作按钮、建立幻灯片间的超链接

交互性好的幻灯片中通常都要使用按钮和超链接的功能，使幻灯片之间可以根据需要灵活跳转。单击"插入"工具面板上的"动作"工具按钮，在"动作设置"对话框中可以设置幻灯片跳转的目标（图6-3-14）。PowerPoint软件中可以对所有对象建立链接跳转目标。

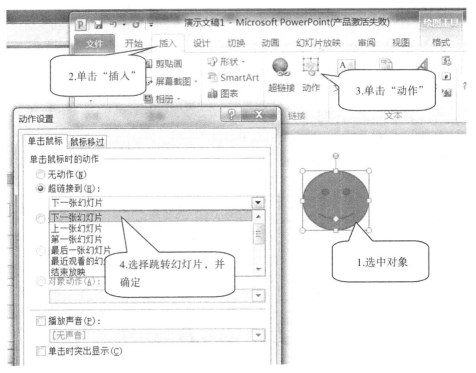

图 6-3-14　创建链接

🗒 实践训练

打开素材"zhshxc3.pptx"，按要求操作。

1. 在第一页幻灯片顶端插入艺术字"八闽职业技术学校"，使用"第三行第二列"样式；设置字体为"华文琥珀"，字号为54；设置"水滴"填充效果，文本轮廓颜色为"橙色，强调文字颜色6"；设置阴影为"外部－向下偏移"；设置发光变体为"橙色，5pt发光，强调文字颜色6"；形状设置成"倒V形"。

2. 在艺术字下面插入剪贴画"铁塔"，设置成"全映像，8pt偏移量"。

3. 在第二页幻灯片文字上方插入图片文件"江畔"，图片缩放为60%；图片样式设置为"金属椭圆"；位置设置为"左右居中，顶端对齐"。

4. 在第三页幻灯片文字左下方插入"教师职称人数分布表"，在表格右边创建一张"教师职称人数分布"饼图。

5. 在第一页幻灯片中插入音乐"wn.mp3"，播放方式设置为"跨幻灯片播放"，图标设置为"放映时隐藏"，循环播放音乐，直到幻灯片停止。

6. 在第一页设置 4 个文本框,分别输入文本"学校简介""师资力量""育人特色""社团活动",为四个文本框分别建立链接,分别链接到第二、三、四、五页幻灯片;在第 2～5 页幻灯片中创建"返回按钮",链接到第一页幻灯片。

操作指导

1. 在第一页幻灯片顶端插入艺术字"八闽职业技术学校",使用"第三行第二列"样式;设置字体为"华文琥珀",字号为 54;设置"水滴"填充效果,文本轮廓颜色为"橙色,强调文字颜色 6";设置阴影为"外部—向下偏移";设置发光变体为"橙色,5pt 发光,强调文字颜色 6";形状设置成"倒 V 形"(图 6-3-15)。

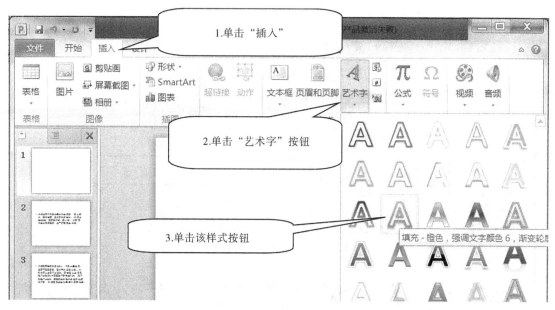

图 6-3-15　创建艺术字

(1)插入艺术字。

(2)设置艺术字格式(图 6-3-16、图 6-3-17、图 6-3-18、图 6-3-19、图 6-3-20)。

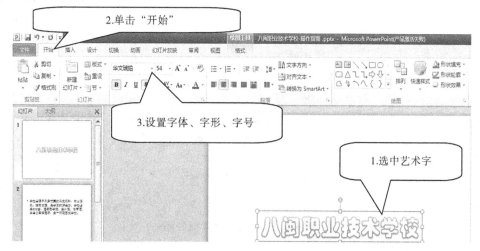

图 6-3-16　设置艺术字字体

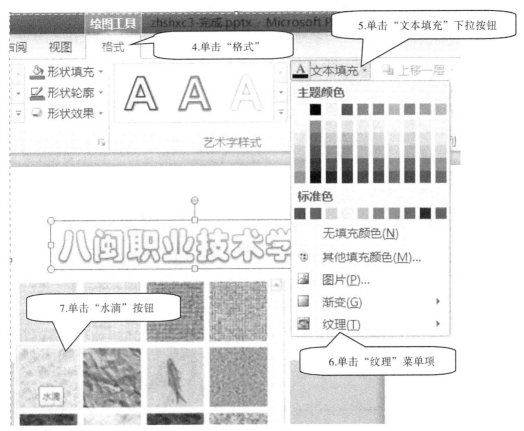

图 6-3-17　设置艺术字填充样式

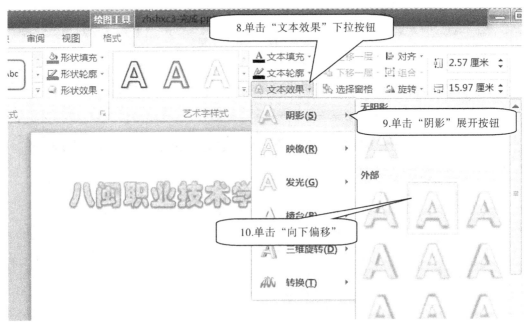

图 6-3-18　设置艺术字阴影样式

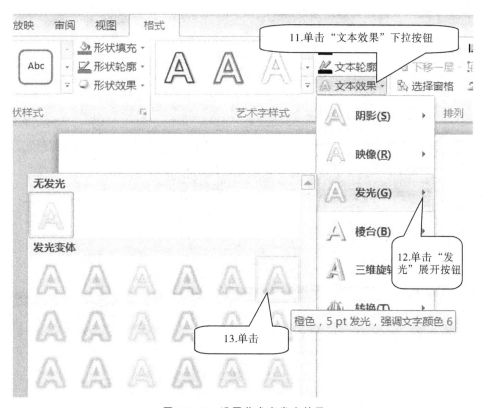

图 6-3-19　设置艺术字发光效果

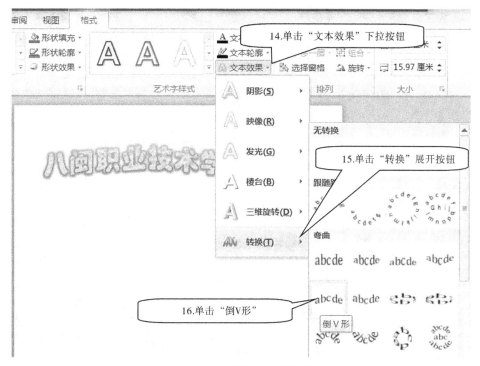

图 6-3-20　设置艺术字形状

2. 在艺术字下面插入剪贴画"铁塔",设置成"全映像,8pt 偏移量"。

(1)创建剪贴画(图 6-3-21)。

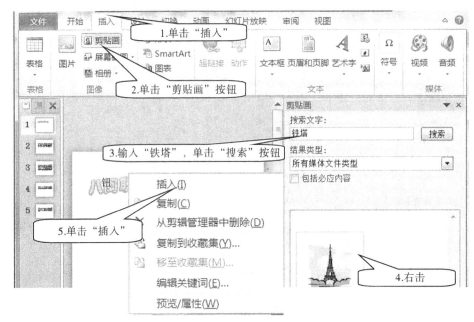

图 6-3-21　创建"铁塔"剪贴画

(2)编辑剪贴画(图 6-3-22)。

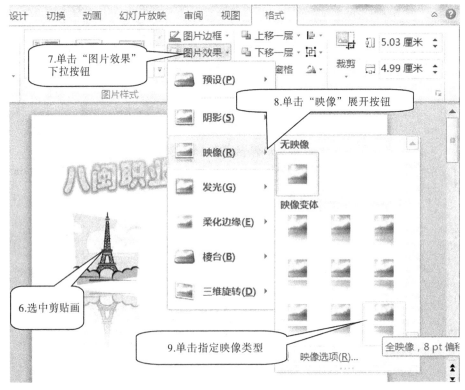

图 6-3-22　设置剪贴画格式

3. 在第二页幻灯片文字上方插入图片文件"江畔"，图片缩放为 60%；图片样式设置为"金属椭圆"；位置设置为"左右居中，顶端对齐"。

（1）创建图片对象（图 6-3-23）。

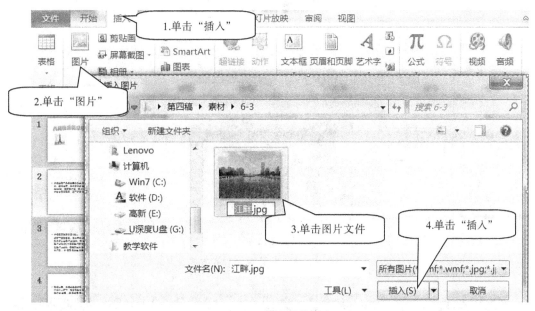

图 6-3-23　创建图片对象

（2）编辑图片对象（图 6-3-24、图 6-3-25、图 6-3-26）。

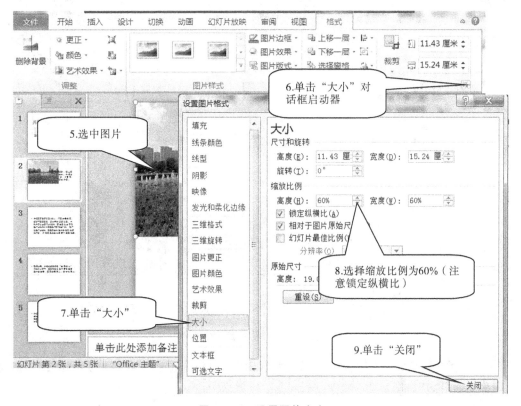

图 6-3-24　设置图片大小

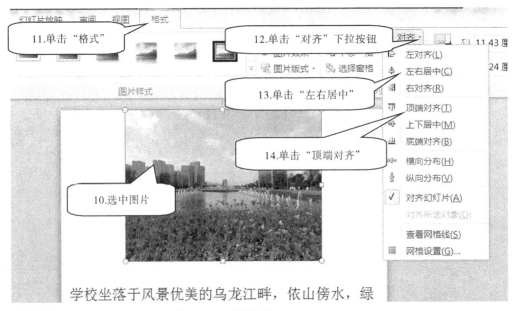

图 6-3-25 设置图片对齐方式

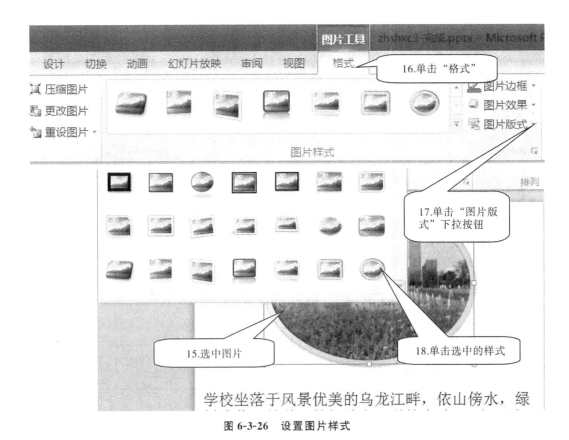

图 6-3-26 设置图片样式

4. 在第三页幻灯片文字左下方插入"教师职称人数分布表"，在表格旁边创建一张"教师职称人数分布"饼图。

（1）创建表格（图 6-3-27）。

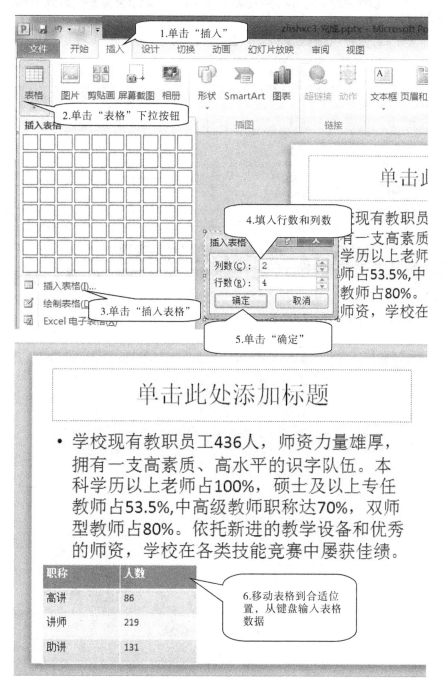

图 6-3-27　创建表格

（2）创建图表（图 6-3-28）并编辑图表数据（图 6-3-29）。

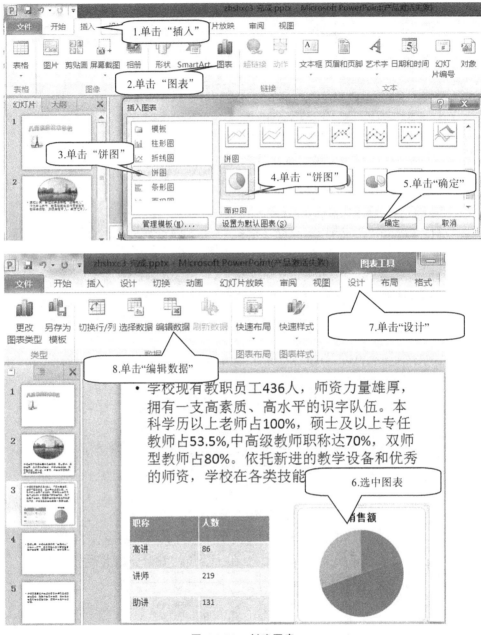

图 6-3-28 创建图表

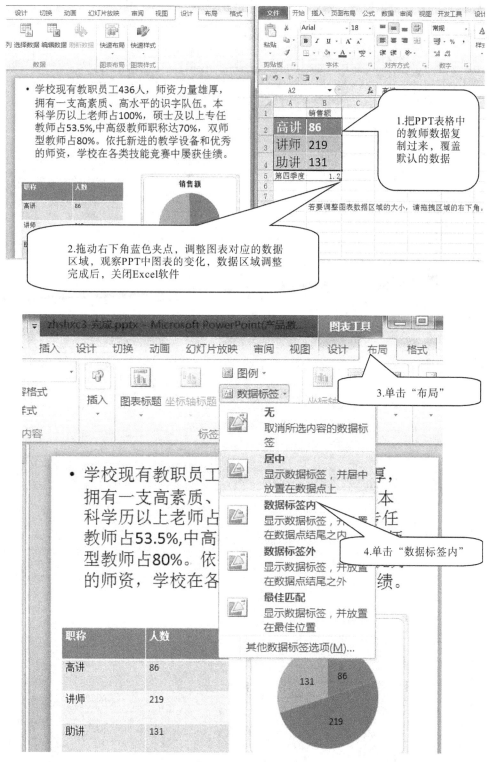

图 6-3-29　编辑图表

5. 在第一页幻灯片中插入音乐"wn.mp3"，播放方式设置为"跨幻灯片播放"，图标设置为"放映时隐藏",循环播放音乐,直到幻灯片停止,如图 6-3-30、图 6-3-31。

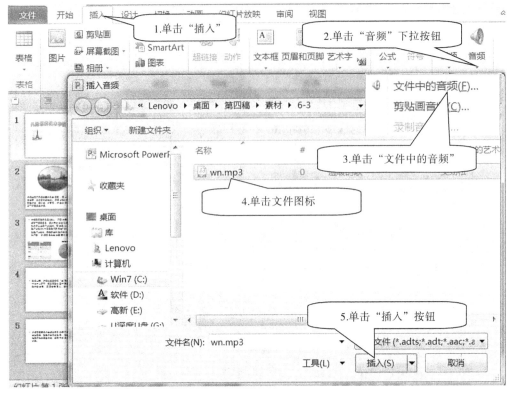

图 6-3-30　创建音频

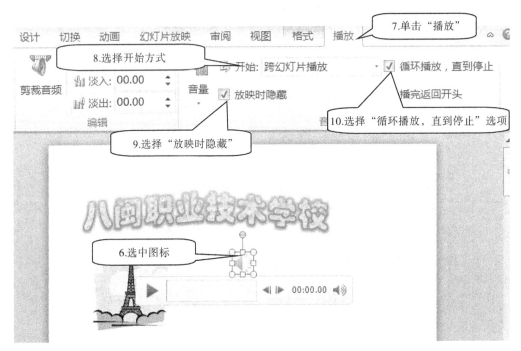

图 6-3-31　设置播放方式

6. 在第一页设置 4 个文本框,分别输入文本"学校简介""师资力量""育人特色""社团活动",为四个文本框分别建立链接,分别链接到第二、三、四、五页幻灯片;在第 2～5 页幻灯片中创建"返回按钮",链接到第一页幻灯片。

(1)创建文本框(图 6-3-32)。

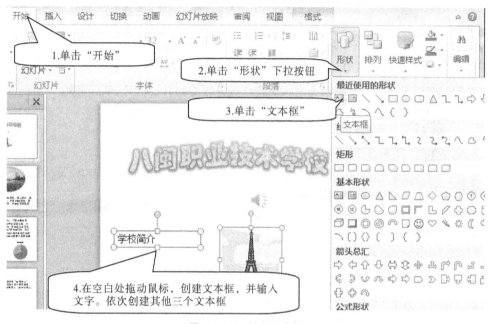

图 6-3-32　创建文本框

(2)建立链接(图 6-3-33)。

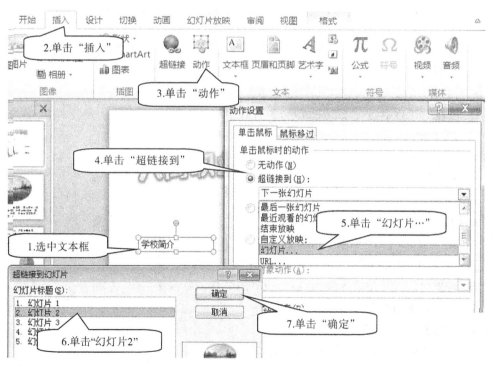

图 6-3-33　建立链接

（3）依次对其他三个文本框建立相应的链接,创建动作按钮,在第二张幻灯片上设置返回按钮(图 6-3-34)。

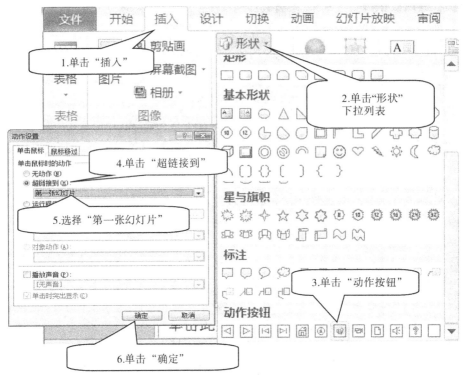

图 6-3-34 创建动作按钮

理论练习

1. 要在幻灯片中插入表格、图片、艺术字、视频、音频等元素时,应在(   )选项卡中操作。

A. 文件   B. 开始

C. 插入   D. 设计

2. 当在幻灯片中插入了声音以后,幻灯片中将会出现(   )。

A. 喇叭标记   B. 一段文字说明

C. 链接说明   D. 链接按钮

3. 不能作为 PPT 演示文稿插入对象的是(   )。

A. 图表   B. 音频文件

C. 图像文件   D. Windows 操作系统

4. PowerPoint 2010 中有关表格的说法,以下(   )选项是错的。

A. 若要向幻灯片中插入表格,需切换到普通视图

B. 若要向幻灯片中插入表格,需切换到幻灯片浏览视图

C. 可以添加新行

D. 可以拆分单元格

5. PowerPoint 2010 中,以下(   )选项是错误的。

A. 不可以为剪贴画重新上色

B. 可以向已经存在的幻灯片中插入剪贴画

C. 可以修改剪贴画的内容

D. 可以改变剪贴画的大小

实训练习

1. 新建"lx1.pptx",按如下要求完成操作,并保存。

(1)在幻灯片第 1 页插入艺术字"西湖风光",样式:第五行第五列,字体:方正舒体,字号:72,对齐方式:左右居中、上下居中;

(2)在艺术字上方插入图片"xh.jpg";设置图片样式:柔滑边缘矩形;设置大小:高度30%,宽度 100%。

2. 打开"lx2.pptx",按如下要求操作并保存。

(1)在幻灯片第 1 页"音乐欣赏"下面插入"wn.mp3";

(2)对音频设置:跨幻灯片播放,放映时隐藏。

3. 打开"lx3.pptx",按如下要求操作并保存。

(1)在第 1 页幻灯片的标题下方,插入剪贴画"足球";

(2)新建第 2 页幻灯片,创建如下表格(表 6-3-1)。

表 6-3-1　表格结果

届次	比赛场数	射门次数	进球数
16 届	64	1881	171
17 届	64	1552	161
18 届	64	1501	147

4. 打开"lx4.pptx",按如下要求操作并保存。

(1)在标题下方插入音频文件"kx.mp3";

(2)设置淡入时间:1 秒;

(3)设置"自动播放""播完返回开头"。

5. 打开"lx5.pptx",按如下要求操作并保存。

(1)在第 1 页添加"笑脸"图形;

(2)为"笑脸"图形设置链接,链接到第 3 页幻灯片;

(3)在第 3 页幻灯片创建一个返回按钮,链接到第 1 页幻灯片。

6.4 播放演示文稿

(1)熟练掌握幻灯片之间切换方式的设置;

(2)熟练掌握幻灯片对象动画方案的设置;

(3)掌握复制动画的格式;

(4)掌握设置演示文稿的放映方式;

(5)掌握对演示文稿打包,生成可独立播放演示文稿文件的方法。

6.4.1 设置各对象动画效果

合适的动画设置可以增强幻灯片的表达能力和对观众的吸引力。在"动画"工具面板上,"添加动画"按钮可以为 PPT 中的对象创建"进入""强调""退出"以及"自定义路径"动画,并可以对动画的播放时序、播放效果进行设置,如图 6-4-1。

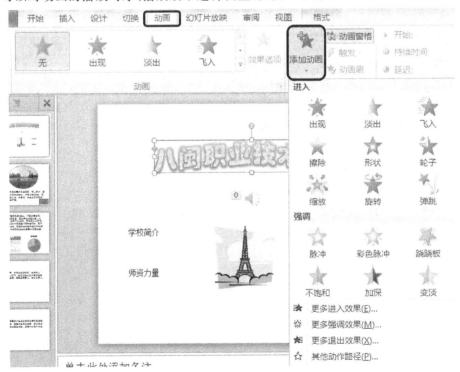

图 6-4-1 设置动画

6.4.2　设置幻灯片切换效果

幻灯片切换是指上一张幻灯片消失,下一张幻灯片出现的方式。"切换"工具面板提供了幻灯片放映时的各种换片效果,可以增加幻灯片放映的动感。如图 6-4-2。

图 6-4-2　设置幻灯片切换

6.4.3　幻灯片的放映与放映方式的设置

幻灯片文稿在放映时,是全屏放映还是以窗口方式放映?是演讲者手动放映还是自动放映?幻灯片放映结束后会自动地从第一张幻灯片开始放映吗?这些都可以使用"幻灯片放映"工具面板上的工具按钮进行设置,如图 6-4-3。

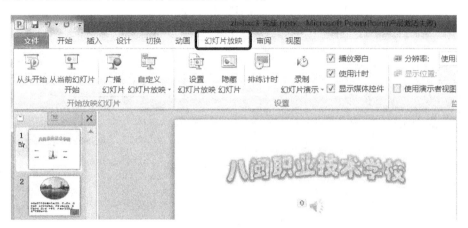

图 6-4-3　设置幻灯片放映

6.4.4 演示文稿打包

在没有安装 PowerPoint 的计算机上,或在安装了低版本 PowerPoint 的计算机上播放演示文稿时,需要把演示文稿打包输出,然后在上述计算机上直接播放打包文件就可以了。

实训练习

打开"八闽职业技术学校—操作指南 3.pptx",按要求操作并保存。

1. 为第一张幻灯片的标题添加"轮子"的进入动画,并设置 4 轮辐动画效果。

为"铁塔"添加"盒状"的进入动画,并设置"圆形""缩小"动画效果,"上一动画之后"开始。

为四个文本框都添加"擦除"进入动画,并设置"自左侧"动画效果,持续时间设置为 2,四个文本框在铁塔进入之后同时进入。

2. 为第二张图片添加"陀螺旋"强调动画,逆时针旋转两周。

为第二张的文字添加"波浪线"强调动画。

3. 为第三张图片添加"逐词退出"的动画。

4. 为第一张幻灯片添加"库"的换片效果,并伴有"鼓声"。

为第二张幻灯片添加"缩放"的换片效果,并设置为放大,无音效,持续时间:2。

为第三张至第五张幻灯片添加自动每 2 秒"随机线条"换片的效果。

操作指导

1. 设置动画效果

(1)标题添加"轮子"的进入动画(图 6-4-4),并设置 4 轮辐动画效果(图 6-4-5)。

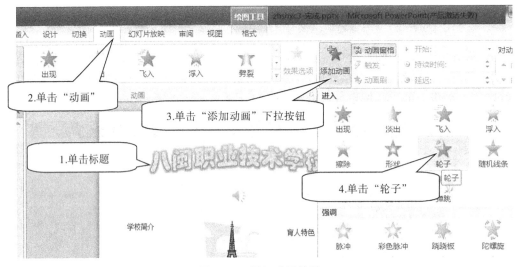

图 6-4-4 添加动画效果

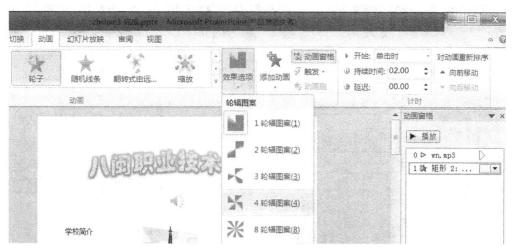

图 6-4-5　设置动画效果

（2）为"铁塔"添加"盒状"的进入动画（图 6-4-6），并设置"圆形""缩小"动画效果，"上一动画之后"开始，如图 6-4-6、图 6-4-7。

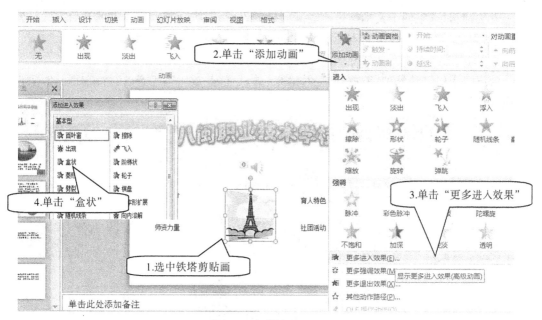

图 6-4-6　"铁塔"添加盒状动画

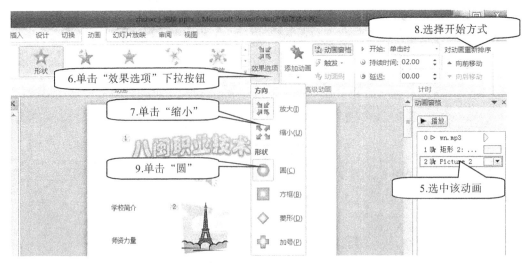

图 6-4-7　设置铁塔动画效果

（3）为四个文本框都添加"擦除"进入动画，并设置"自左侧"动画效果，持续时间设置为2，四个文本框在铁塔进入之后同时进入。

方法：同时选中四个文本框进行动画效果的设置，"学校简介"文本框的开始方式设置为"上一动画之后"，其余三个文本框的开始方式设置为"与上一动画同时"。

2. 为幻灯片设置换片方式

为第二张幻灯片添加"缩放"的换片效果，并设置为"放大"，无音效，持续时间：2，取消自动换片（图 6-4-8）。

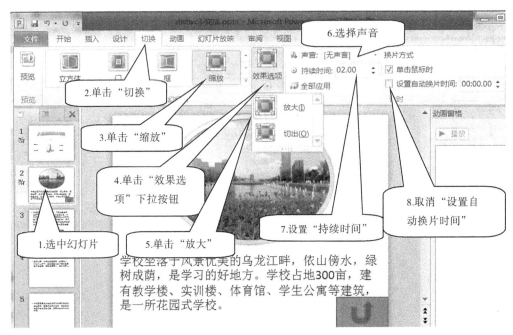

图 6-4-8　设置换片效果

其余操作类似，故省略具体指导。

理论练习

1. 在播放 PPT 幻灯片时，要返回到上一张幻灯片，不可以按（　　　）。

A. 左箭头键　　　　　B. 上箭头键　　　　　C. Page Down 键　　　　D. Backspace 键

2. 在 PowerPoint 中，若为幻灯片中的对象设置"擦除"，应选择（　　　）对话框。

A. 幻灯片版式　　　B. 自定义动画　　　C. 自定义放映　　　D. 幻灯片放映

3. 制作演示文稿时，通过执行以下（　　　）操作可以设置每张幻灯片的播放时间。

A. 幻灯片切换　　　B. 幻灯片版式　　　C. 幻灯片放映　　　D. 幻灯片母版

4. 当将演示文稿转移至没有安装 PPT 软件的计算机上，执行（　　　）操作可以保证幻灯片正常播放。

A. 将演示文稿压缩　　　　　　　　B. 将演示文稿打包成 CD

C. 设置幻灯片的放映效果　　　　　D. 不需任何操作

5. 放映幻灯片时，使用（　　　）放映方式可以对幻灯片的放映具有完整的控制权。

A. 演讲者放映　　　　　　　　　　B. 观众自行浏览

C. 展台浏览　　　　　　　　　　　D. 重置背景

实训练习

1. 打开"lx1.pptx"，按要求操作：

(1)把第一张幻灯片标题设置为"弹跳"进入效果，"上一动画之后"开始；

(2)把所有幻灯片的切换方式都设置为"随机线条"。

2. 打开"lx2.pptx"，按要求操作：

(1)把第一张幻灯片中的标题设置为"基本旋转"，动画效果为"垂直"，"单击"开始；

(2)把所有幻灯片的换片方式设置为"溶解"，持续时间为 2。

3. 打开"lx3.pptx"，按要求操作：

(1)把第一张幻灯片的"足球"设置为"陀螺旋"强调效果，"与上一动画同时开始"；

(2)把所有幻灯片的切换方式设置为"形状"，效果为"放大"，设置自动换片时间为 1 秒。

4. 打开"lx4.pptx"，按要求操作：

(1)把第一张幻灯片的文本文字设置为"波浪形"强调动画，设置"按字词"的动画效果，字词之间延迟 10％；

(2)为所有幻灯片设置"轨道"的换片动画，并设置"从左侧"的效果。

5. 打开"lx5.pptx"，按要求操作：

(1)为第二张幻灯片的文本段设置"下拉"退出效果，"与上一动画同时开始"；

(2)为所有幻灯片设置"单击线条"的切换方式，每 2 秒自动切换。

第7章　多媒体软件的应用

1. 多媒体基础知识；
2. 多媒体素材的获取；
3. 图像的加工处理；
4. 音频和视频的加工处理。

7.1　多媒体基础知识

(1)理解多媒体的基本概念和应用；
(2)了解常见的多媒体输入输出设备；
(3)了解常见多媒体文件的格式及特点,掌握它们不同的浏览方式。

7.1.1　多媒体的基本概念和应用

1. 多媒体

所谓多媒体就是把文字、声音、图像、视频等通过计算机技术和通信技术集成在一个数字环境中,表示更多、更真实的信息。

2. 多媒体技术

多媒体技术是指能够同时显示、获取、存储文本、声音、图形、图像等媒体的技术。

3. 多媒体技术的应用

多媒体技术得到迅速发展,多媒体技术的应用更以极强的渗透力进入人类生活的各个领域。常见的多媒体技术的应用领域如表7-1-1所示。

表 7-1-1 常见的多媒体技术的应用

应用领域	说明
平面设计	数码照片处理、电子相册制作、包装设计、商标设计、招贴海报设计、广告设计、装饰装潢设计、网页设计、VI 设计、插画设计、字体设计等
动画设计	动画创意、二维动画设计、三维动画设计
影视制作	影视广告设计、专题片设计、宣传片制作、MTV 制作、影视特技制作、卡通混排特技制作等
人工智能模拟	生物形态模拟、生物智能模拟、人类行为智能模拟等
娱乐、教育、医疗	看电子书、看电影/电视、听音乐、玩游戏、多媒体教学、仿真工艺过程、远程教育、远程诊断、远程手术操作等

7.1.2 常见的多媒体输入输出设备

1. 输入设备

常见的输入设备有数码摄像机、数码相机、扫描仪、摄像头、刻录机、录音笔、麦克风、手写板。

2. 输出设备

常见的输出设备有打印机、投影仪、音响、绘图仪等。

7.1.3 常见多媒体文件的格式及特点

1. 常见的文本文件格式

如表 7-1-2 所示。

表 7-1-2 常见的文本文件格式

格式	特点
TXT(* .txt)	纯文本文档,不包含字体、字号、颜色等控制信息,所以一般存储空间都比较小
DOC(* .doc, * .docx)	Microsoft Word 所使用的文件格式,Word 2007 版之后格式为 docx,适合大量的排版
PDF(* .pdf)	Adobe 公司开发的电子文件格式,这种文件格式与操作系统平台无关,这一特点使它成为在 Internet 上进行电子文档发行和数字化信息传播的理想文档格式
HTML(* .htm, * .html)	HTML 是超文本标记语言,是 WWW 的描述语言,它提供网页的具体内容。HTML 文本是由 HTML 命令组成的描述性文本,可以说明文字、图形、动画、声音、表格、链接等

2. 常见的图像文件格式

如表 7-1-3 所示。

表 7-1-3　常见的图像文件格式

格式	特点
BMP（*.bmp）	位图（bit map）文件格式，是由一组点（像素）组成的图像，其结构简单，未经过压缩，一般图像文件会比较大
GIF（*.gif）	一种有损压缩格式，支持透明和动画，而且不占用太多的磁盘空间，非常适合网络传输，是网页中常用的图像格式
JPEG（*.jpg，*.jpeg）	一种有损压缩的网页格式，不支持 Alpha 通道，也不支持透明。最大的特点是文件比较小，可以进行高倍率的压缩，因而在注重文件大小的领域应用广泛
PSD（*.psd）	图像处理软件 Photoshop 的专用图像格式，图像文件一般较大
PNG（*.png）	与 JPG 格式类似，网页中有很多图片都是这种格式，压缩比高于 GIF，支持图像透明，可以利用 Alpha 通道调节图像的透明度。

3. 常见的音频文件格式

如表 7-1-4 所示。

表 7-1-4　常见的音频文件格式

格式	特点
Wave 文件（*.wav）	Microsoft 公司开发的一种声音文件格式，文件较大，多用于存储简短的声音片断
MPEG 文件（*.mp1，*.mp2，*.mp3，*.mp4）	有损压缩，根据压缩质量和编码复杂程度的不同可分为 mp1、mp2、mp3 和 mp4 四种声音文件。MPEG 音频编码具有很高的压缩率
RealAudio 文件（*.ra，*.rm，*.ram）	一种新型流式音频（streaming audio）文件格式，主要用于在低速率的广域网上实时传输音频信息
MIDI 文件（.mid/.rmi）	一种电子乐器之间以及电子乐器与电脑之间的统一交流协议。MIDI 文件体积较小，但不支持真人原唱或者人声

4. 常见的视频文件格式

如表 7-1-5 所示。

表 7-1-5　常见的视频文件格式

格式	特点
AVI 文件（*.avi）	一种数字音频与视频文件格式，目前主要应用在多媒体光盘上，用来保存电影、电视等各种影像信息，有时也出现在 Internet 上，供用户下载，欣赏影片的精彩片断
MPEG 文件（*.mpeg，*.mpg，*.dat）	采用有损压缩方法减少运动图像中的冗余信息，压缩效率非常高，同时图像和音响的质量也非常好，并且在微机上有统一的标准格式，兼容性相当好

续表

格式	特点
RealAudio 文件(＊.rm,＊.rmvb)	一种新型流式视频文件格式,主要用来在低速率的广域网上实时传输活动视频影像。可以根据网络数据传输速率的不同而采用不同的压缩比率,从而实现影像数据的实时传送和实时播放
QuickTime 文件(＊.mov,＊.qt)	Apple 计算机公司开发的一种音频、视频文件格式,用于保存音频和视频信息,具有先进的视频和音频功能

理论练习

1. 下列设备中可以用来输入图片资料的设备是(   )。

A. 绘图仪 　　　B. 投影仪 　　　C. 打印机 　　　D. 扫描仪

2. 多媒体应用中,属于平面设计领域的是(   )。

A. 影视制作 　　　　　　　　B. 制作演示文稿

C. 数码照片处理 　　　　　　D. 动画制作

3. 下列可用于多媒体数据输出的设备是(   )。

A. 摄像头 　　　B. 话筒 　　　C. 手写板 　　　D. 投影仪

4. 以下可以用来采集数字图像信息的设备有(   )。

①数码照相机 　　②扫描仪 　　③数码摄像机 　　④刻录机

A. ①②③ 　　　B. ①②④ 　　　C. ①③④ 　　　D. ②③④

5. 下列事例中应用了多媒体技术的有(   )。

①教学视频 　　②有线电视 　　③手机彩信 　　④编辑源程序

A. ①②④ 　　　B. ①③④ 　　　C. ②③④ 　　　D. ①②③

6. 在多媒体课件中根据用户答题情况给予正确或错误的回复,突出显示了多媒体技术的(   )。

A. 非线性 　　　　　　　　　B. 集成性

C. 交互性 　　　　　　　　　D. 多样性

7. 计算机对文字、图形、图像、声音、动画、动态影像等综合处理,这是利用计算机的(   )。

A. 网络技术 　　　　　　　　B. 数据管理技术

C. 多媒体技术 　　　　　　　D. 人工智能技术

8. 下列全属于多媒体信息范畴的是(   )。

A. 书籍、试卷 　　　　　　　B. 文字、图像

C. 报纸、课本 　　　　　　　D. 电脑、显示器

9. 下列不属于多媒体计算机输出设备的是(   )。

A. 音箱 　　　B. 显示器 　　　C. 打印机 　　　D. 扫描仪

10. 下列可以采集到音频信息的设备是(   )。

A. 音箱 　　　B. 传真机 　　　C. 麦克风 　　　D. 投影仪

11. 多媒体中的"媒体"是指(   )。

A. 各种信息的编码   B. 表示和传播信息的载体

C. 计算机屏幕显示的信息   D. 输入和输出设备

12. 多媒体应用中,属于影视制作领域的是（   ）。

A. MV 制作   B. 听音乐

C. 数码照片处理   D. 平面广告设计

13. 多媒体计算机系统的组成是（   ）。

A. 各种多媒体文件   B. 声卡、光动、音箱

C. 图像、音频和视频处理软件   D. 多媒体硬件系统和多媒体软件系统

14. 以下属于多媒体组成元素的是（   ）。

①电视机   ②文字   ③光盘   ④视频

A. ①②   B. ②③   C. ②④   D. ①③

15. 下列关于多媒体技术的描述中,正确的是（   ）。

A. 多媒体技术只能处理声音和文字

B. 多媒体技术不能处理动画

C. 多媒体技术就是制作视频的技术

D. 多媒体技术指计算机综合处理声音、文本、图像等信息的技术

16. 对于各种多媒体信息（   ）。

A. 计算机能直接识别图像信息

B. 不需要转换成二进制数,计算机能直接识别

C. 必须转换成二进制代码机器才能识别

D. 动画、音频、视频计算机都能直接处理

17. 以下不能采集到音频数据的设备是（   ）。

A. 扬声器   B. 录音笔   C. 话筒   D. 麦克风

18. 以下属于常用的多媒体输入设备的是（   ）。

A. 显示器、键盘   B. 扫描仪、摄像头

C. 打印机、麦克风   D. 绘图仪、投影仪

19. 下列全属于多媒体计算机输入设备的是（   ）。

A. 麦克风、打印机   B. 音响、摄像头

C. 投影仪、绘图仪   D. 扫描仪、麦克风

20. 多媒体集成软件的主要特点有（   ）。

①集成性   ②交互性   ③数字化   ④线性

A. ①②④   B. ②③④   C. ①③④   D. ①②③

7.2　多媒体素材的获取

考试要求

掌握文本、图像、音频、视频等常用的多媒体素材的获取(网上下载和软件制作途径)。

知识讲解

7.2.1　文本素材的获取

文本素材通常以文件文本保存,常见格式有 txt 文件、doc 或 docx 文件、rtf 文件、wps 文件和 pdf 文件等。获取文本素材的方法有:

(1)直接输入文本;

(2)复制其他文件中的文本内容;

(3)特殊字体或艺术字可以用抓图工具抓取进行图片处理后再使用。

7.2.2　图像素材的获取

图形图像素材的格式一般为.jpg、.bmp、.gif、.tiff、.png 等,目前采集图形图像素材的方法非常多,概括起来主要有以下六种:

1. 屏幕捕捉

利用 HyperSnap、Camtasia Studio 或者 Snagit 等屏幕截取软件,可以捕捉当前屏幕上显示的内容。也可以使用 Windows 提供的 Print Screen(PrtScr),直接将当前活动窗口显示的画面置入剪贴板中。

2. 扫描输入

用扫描仪将印刷资料上的文本扫描到计算机中,保存成图片格式。

3. 拍摄

用数码相机、数码摄像机、智能手机、上网本现场拍摄输入。

4. 视频帧捕捉

利用超级解霸、金山影霸等视频播放软件,可以将屏幕上显示的视频图像进行单帧捕捉,变成静止的图形存储起来。

5. 网上下载

对于网页上的图像,我们可以通过把鼠标放在所需图片上按右键,在弹出的菜单中选择"图片另存为"把网页上的图片下载到本地计算机中使用。

6. 软件制作

对于那些我们确实无法通过上述方法获得的图形素材，就不得不使用绘图软件来制作。常用的绘图软件有 FreeHand、Illustrator、CorelDRAW，这些软件都提供了功能强大的绘制图形的工具、着色工具、特效功能（滤镜）等，可以使用这些工具制作出我们所需要的图像。

7.2.3　音频素材的获取

音频的获取途径主要有：(1)录制，即可以用录音笔、录音机、手机等设备录制；(2)网上下载；(3)从已有的音频素材库中获取，如从 CD、VCD 中获取声音。

7.2.4　视频素材的获取

获取视频素材的常用方法有：(1)网上下载；(2)屏幕录制；(3)拍摄；(4)截取视频，即从含有视频文件的素材库中复制视频或使用软件截取一个片段；(5)用视频采集设备把普通录像带中的视频转换成数字视频文件。

理论练习

1. 下列存储格式中全部都是视频文件的一组是(　　)。

A. SWF、MOV、WAV　　　　　　　　B. AVI、MPG、PDF

C. MPG、MOV、WAV　　　　　　　　D. AVI、MPG、MOV

2. 具有播放光盘功能的外部设备是(　　)。

A. 光盘驱动器　　　B. 音频卡　　　C. 图像加速卡　　　D. 视频卡

3. MIDI 文件中记录的是(　　)。

A. 乐谱　　　　　　　　　　　　　B. MIDI 量化等级和采样频率

C. 波形采样　　　　　　　　　　　D. 声道

4. 下列声音文件格式中，(　　)是波形声音文件格式。

A. WAV　　　　B. CMF　　　　C. VOC　　　　D. MID

5. 多媒体技术中的媒体一般是指(　　)。

A. 硬件媒体　　　B. 存储媒体　　　C. 信息媒体　　　D. 软件媒体

6. 计算机多媒体技术是指计算机能接收、处理和表现(　　)等多种信息媒体的技术。

A. 中文、英文、日文和其他文字　　　B. 硬盘、软件、键盘和鼠标

C. 文字、声音和图像　　　　　　　D. 拼音码、五笔字型和全息码

7. 如下(　　)不是图形图像文件的扩展名。

A. MP3　　　　B. BMP　　　　C. GIF　　　　D. WMF

8. 如下(　　)不是图形图像处理软件。

A. ACDSee　　　B. CorelDRAW　　　C. 3DS MAX　　　D. SNDREC32

9. 下列资料中，(　　)不是多媒体素材。

A. 波形、声音　　　　　　　　　　B. 文本、数据

C. 图形、图像、视频、动画　　　　　D. 光盘

10. 下列属于数字化图像采集方法的是（　　　）。

①使用数码相机拍摄图像

②用传统的模拟摄像机拍摄图像

③屏幕截图抓取画面

④用扫描仪将纸张上的图片扫描输入

A. ②③④　　　　　B. ①②③　　　　　C. ①②④　　　　　D. ①③④

11. 下列工具中可以采集到音频信息的是（　　　）。

A. 录音笔　　　　　B. 摄像头　　　　　C. U 盘　　　　　D. 音箱

12. 下列工具中可以采集到视频信息的是（　　　）。

A. 扫描仪　　　　　B. 绘图仪　　　　　C. 数码摄像机　　　　　D. 录音笔

13. 以下可以用来采集数字图像信息的设备是（　　　）。

①扫描仪　　　　　②数码照相机　　　　　③数码摄像机　　　　　④刻录机

A. ②③④　　　　　B. ①②③　　　　　C. ①②④　　　　　D. ①③④

14. 将一幅 .bmp 格式的图像文件转换成 .jpg 格式之后，会使（　　　）。

A. 图像更清晰　　　　　　　　　　B. 文件容量变大

C. 文件容量变小　　　　　　　　　D. 文件容量不变

15. 复制网页中的信息到记事本文档中，能被粘贴的信息是（　　　）。

A. 文字　　　　　B. 图像　　　　　C. 声音　　　　　D. 动画

16. 小丽想制作个人网站，收集了一些素材：pic.gif、pic.wav、pic.bmp、pic.mpg、pic.jpg、pic.png，其中不属于图片素材的有（　　　）。

A. pic.gif、pic.png　　　　　　　　B. pic.png、pic.jpg

C. pic.bmp、pic.jpg　　　　　　　　D. pic.wav、pic.mpg

17. 将网页上喜爱的图片保存在自己的计算机中，正确的操作是（　　　）。

A. 单击"文件"菜单，在弹出的菜单中选择"另存为"命令

B. 左击图片，在弹出的快捷菜单中选择"图片另存为…"

C. 右击图片，在弹出的快捷菜单中选择"图片另存为…"

D. 双击图片，在弹出的快捷菜单中选择"图片另存为…"

18. 下列不属于视频文件类型的是（　　　）。

A. mpg　　　　　B. png　　　　　C. wmv　　　　　D. mp4

19. 如果想要把记录在纸上的文章导入到电脑，变成电子档的文件，需要用到的设备是（　　　）。

A. 麦克风　　　　　B. 投影仪　　　　　C. 录音机　　　　　D. 扫描仪

20. 下列属于视频采集工具的是（　　　）。

A. 液晶电视　　　　　B. 投影仪　　　　　C. 3D 打印机　　　　　D. 数码摄像机

7.3　图像的加工处理

考试要求

掌握使用常用软件（ACDSee、美图秀秀）对图像进行简单的加工处理。

知识讲解

7.3.1　图像加工处理的基础知识

1. 图像的基础知识

根据生成图像的原理，图像可以分为两类：一类是位图，又称为点阵图，它由一系列像素点组成。另一类是矢量图，又称为向量图，是采用几何绘图的原理绘制的图形。它由线条加色块组成。

位图的优点是色彩丰富，能逼真地反映自然景物，缺点是缩放和旋转容易失真，且文件容量较大；矢量图的优点是缩放和旋转不容易失真，且文件容量较小，缺点是不易制作色彩变化太大的图像。

（1）像素（pixel）。像素是组成图像的最基本单元。

（2）像素尺寸。像素尺寸是位图图像高度和宽度上的像素数目。

（3）图像分辨率。每英寸长度单位内的像素数目，它用"像素/英寸"（pixels inch）即 ppi 表示。

在图像尺寸相同的情况下，分辨率越高，像素数目越多，像素点更小，图像品质更高。

（4）屏幕显示大小。图像在屏幕上显示的大小取决于图像的像素尺寸、显示器尺寸以及显示器分辨率设置等组合因素。

2. 图像处理的基础知识

（1）图像处理软件

常见的图像加工处理的软件有 ACDSee、美图秀秀、Photoshop、画图程序、CorelDRAW、AutoCAD、Flash、Direction、Firework 等。

（2）图像处理的相关术语

清晰度。它是衡量图像品质优劣的标准之一，是指图像细节边缘的敏感程度。清晰度越高，图像细节边缘越清晰，可辨程度越高。

亮度。它指的是图像像素的强度，黑色为最暗，白色为最亮。图像的亮度表示图像画面的明暗程度。

对比度。它指的是图像画面黑与白的比值，即从黑到白的渐变层次，比值越大，从黑到白渐变层次就越多，从而色彩表现越丰富，图像画面层次感越分明。

饱和度。它指的是色彩的鲜艳程度,也称为色彩的纯度。纯度越高,图像颜色越鲜明。纯的颜色如鲜红、鲜绿都是高饱和度的。纯度越低,图像的颜色越暗淡。

色相。它是指各类色彩的相貌称谓。如红、橙、黄、绿、青、蓝、紫就是基本的色相。色相是色彩的首要特征,是区别各种不同色彩的最准确标准。

色阶。它是表示图像亮度强弱的指数标准,图像的色彩丰满度和精细度是由色阶决定的。色阶指亮度,和颜色无关,但最亮的只有白色,最不亮的只有黑色。

色偏。它是指拍摄的图像中,某种颜色的色相、饱和度与真实的图像有明显的区别,而这种区别通常不是人们所希望的。

曝光。它是指光线进入数码相机或摄像机的传感器,记录下光的影像,形成图像的过程。曝光不足图像会偏暗,图像会出现噪点;曝光过度会损失图像细节。

羽化。它是指选定范围的图像边缘达到朦胧、柔化的效果,使得图像能融合到背景中。

锐化。它是指补偿图像的轮廓,增强图像的边缘及灰度跳变的部分,使图像的边缘、轮廓以及图像的细节变得更加清晰。

7.3.2 ACDSee 的主要功能

ACDSee 是目前最流行的数字图像处理软件,它操作简单方便,几乎支持目前所有的图像文件格式,广泛应用于图片的获取、管理、浏览、优化,甚至和他人的分享。使用 ACDSee 可以从数码相机和扫描仪高效地获取图片,并进行便捷的查找、组织和预览。ACDSee 还能处理如 MPEG 之类常用的视频文件。ACDSee 也是图片编辑工具,能轻松处理数码影像。它的主要功能有:批量处理图像、去除红眼、剪切图像、锐化、旋转、修复、浮雕特效、曝光调整、镜像等。

批量处理图像是 ACDSee 的一个强大功能,可以同时对一批图片进行格式、大小、时间标签设置及重命名等一系列操作。

7.3.3 美图秀秀的主要功能

美图秀秀是一款免费的图片处理软件,操作直观方便。

美图秀秀软件具有以下特点:

(1)独有的图片特效,轻松打造各种影楼、lomo 效果;

(2)强大的人像美容功能,一键美白、磨皮祛痘、瘦脸瘦身等;

(3)具有自由拼图、模板拼图等多种拼图模式;

(4)海量素材每天在线更新;

(5)支持一键分享到微博、人人网等多个平台。

理论练习

1. 美图秀秀中锐化人物图片是为了使(　　　)。

A. 人物的轮廓更清晰　　　　　　　B. 皮肤更白皙

C. 眼睛自然有神　　　　　　　　　D. 人物的气色更红润

2. 目前，美图秀秀最主要的功能是（　　　）。

A. 动画制作　　　　B. 文字编辑　　　　C. 图片处理　　　　D. 音频制作

3. ACDSee 软件属于（　　　）。

A. 动画制作软件　　　　　　　　B. 视频编辑软件

C. 图像处理软件　　　　　　　　D. 音频编辑软件

4. 下列用于图片编辑的工具软件是（　　　）。

A. ACDSee　　　　B. QQ　　　　C. Word　　　　D. Excel

5. 图像的亮度是指（　　　）。

A. 显示器的明暗程度　　　　　　B. 图像画面的明暗程度

C. 颜色的深浅程度　　　　　　　D. 颜色的纯度

6. 以下不会影响计算机图像质量的参数是（　　　）。

A. 颜色位数　　　　B. 分辨率　　　　C. 图像尺寸　　　　D. 加工图像的软件

7. 以下不属于图像编辑软件的是（　　　）。

A. 美图秀秀　　　　B. 画图程序　　　　C. ACDSee　　　　D. 格式工厂

8. 下列选项中，属于图像处理软件的是（　　　）。

①Photoshop　　　　②美图秀秀　　　　③WinRAR　　　　④ACDSee

A. ①②③　　　　B. ②③④　　　　C. ①③④　　　　D. ①②④

9. 下列文件中，可以用 Windows 附件中的画图程序编辑的是（　　　）。

A. 高山流水.mp3　　　　　　　　B. 交通标志.bmp

C. 钢琴表演.mpg　　　　　　　　D. 歌词.txt

10. 以下有关位图和矢量图的说法中，不正确的是（　　　）。

A. 位图在放大时容易失真　　　　B. 矢量图文件容量小

C. 矢量图在放大时容易失真　　　D. 位图色彩丰富

11. 利用美图秀秀处理数码相片时，无法实现的功能是（　　　）。

A. 祛痘祛斑　　　　B. 瘦脸瘦身　　　　C. 影视特技制作　　　　D. 眼睛放大

12. 对图像进行编辑不包括（　　　）。

A. 降低曝光度　　　　　　　　　B. 裁切图像

C. 对图像进行羽化处理　　　　　D. 添加背景音乐

13. 下列有关图像的说法中，正确的是（　　　）。

A. 图像的容量主要由图像的颜色数决定

B. 两副图像只要分辨率相同，其容量必相同

C. 两副尺寸一样的图像，其容量未必相同

D. 两副图像只要尺寸一样，其容量必相同

14. 常用的图形图像加工软件大多能够将文件保存为（　　　）。

A. doc 格式　　　　B. txt 格式　　　　C. jpg 格式　　　　D. avi 格式

15. 在进行图像编辑加工时，以下说法中正确的是（　　　）。

A. 必须使用 Photoshop 工具

B. 用金山画王可以完成所有操作

C. 可以选择多个软件配合使用

D. 必须在 Windows 画图中实现

16. 多媒体应用中,属于平面设计领域的是(　　)。

A. 播放电影　　　　B. 设计动漫　　　　C. 招生海报设计　　　D. 编辑网站

17. 下列属于多媒体设备的是(　　)。

A. 固定电话机　　　B. 路由器　　　　　C. 智能手机　　　　　D. 交换机

18. Windows 自带的画图程序可以对(　　)文件进行简单处理。

A. 图像　　　　　　B. 声音　　　　　　C. 视频　　　　　　　D. Flash 动画

19. 下列选项中,全属于图像文件格式的是(　　)。

A. midi、mp3　　　B. jpg、bmp　　　　C. mp3、swf　　　　 D. avi、gif

20. 制作网页时,为了尽可能不影响网页浏览的速度,常用的图片格式是(　　)。

A. jpg 格式和 bmp 格式　　　　　　　B. gif 格式和 jpg 格式

C. bmp 格式和 gif 格式　　　　　　　D. 所有图片格式

7.4　音频和视频的加工处理

考试要求

(1)掌握安装音频、视频播放软件,如酷狗、QQ 影音等的方法;

(2)了解使用软件如格式工厂对音频或视频文件进行转换;

(3)了解应用软件对音频、视频文件进行简单编辑的方法。

知识讲解

7.4.1　音频处理基础知识

计算机要处理声音,必须先将模拟波形声音数字化成音频文件,这一过程称为音频采样。将模拟声音信号转换成数字音频信号的数字化过程是:采样—量化—编码。衡量声音的三个参数分别是声道数、量化位数和采样频率,它们也是声卡的主要指标,不仅影响声音的播放质量,还与存储声音信号所需要的存储空间有直接关系。一般来说,采样频率越高,量化位数越大,声道数越多,声音就越真实,声音效果越好。

1. 采样频率

采样频率是指单位时间内的采样次数。采样频率越高,采样点之间的间隔就越小,数字化后得到的声音就越逼真,但相应的数据量就越大。声卡一般提供 11.025 kHz、22.05 kHz 和 44.1 kHz 等不同的采样频率。

2. 量化位数

量化位数是记录每次采样值数值大小的位数。量化位数通常有 8 bits 或 16 bits 两种,量化位数越大,所能记录声音的变化度就越细腻,相应的数据量就越大。

3. 声道数

声道数是指处理的声音是单声道还是立体声。单声道在声音处理过程中只有单数据流,而立体声则需要左、右声道的两个数据流。显然,立体声的效果要好,但相应的数据量要比单声道加倍。

7.4.2 视频处理基础知识

1. 视频分辨率

视频分辨率简单地说就是视频画面的大小,以显示器像素为单位,选择的大小直接关系到制作视频的清晰度和文件大小。

标清电视分辨率为 $720/704/640 \times 480$(NTSC)或者 $768/720 \times 576$(PAL/SECAM),新的高清电视(HDTV)分辨率可达 1920×1080。

2. 视频长宽比例

视频长宽比例用来描述视频画面与画面元素的比例。传统的电视屏幕长宽比例为 $4:3$,HDTV 的长宽比例为 $16:9$。视频制作中尤其注意选择。

3. 比较流行的视频格式

(1)MPEG:包括 MPEG-1、MPEG-2、MPEG-4。其中大部分 VCD 用 MPEG-1 格式压缩成 dat 格式。两个小时的电影可以压缩到 1.25 G 左右。MPEG-2 应用到 DVD、HDTV 等高清影视制作中,两个小时的电影 5~8 G 大小,清晰度是 MPEG-1 的好几倍。

(2)AVI:这是压缩文件体积最大的一种,但是图像质量比较好。

(3)RA/RM/RAM:主要是网络视频,体积小,传输快,与 Flash 类似,但是图像质量较差。

(4)MOV:部分相机和 DV 中大多是这种格式视频,不太常用。

(5)ASF:也是一种主要应用在网上的视频流格式,图像质量比 RA 格式的要好。

(6)WMV:是微软出品的可扩充类型的视频格式,主要应用于网上的流媒体,视频质量一般。

(7)RAVB:是由 RM 视频格式延伸出的新视频格式,既高清,文件又小,是目前电影的主流格式之一。

(8)FLV:文件小,网络传输快,质量也比 WMV 稍好,是目前土豆、优酷等大型视频网站采用的一种格式。

(9)MP4/3GP:手机专用视频格式。

4. 常用软件

(1)剪辑软件:Adobe Premiere、Canopus Edius 等。

(2)合成软件:Adobe After Effects、Discreet Combustion 等。

(3)三维软件:Autodesk 3D Studio Max 等。

(4)辅助软件:Adobe Audition 等。

7.4.3　音频和视频处理软件的主要功能

1. 音频处理软件

（1）Adobe Audition

Adobe Audition 是一个专业音频编辑和混合软件，前身为 Cool Edit Pro。Adobe Audition 3.0中文版专为在照相室、广播设备和后期制作设备方面工作的音频视频专业人员设计，可提供先进的音频混合、编辑、控制和效果处理功能。最多能混合 128 个声道，可编辑单个音频文件，创建回路并可使用 45 种以上的数字信号处理效果。Adobe Audition 是一个完善的多声道录音室，可提供灵活的工作流程并且使用简便。无论是录制音乐、无线电广播，还是为影像配音，Audition 中丰富的工具都能胜任。

（2）Windows Media Player

Windows Media Player 是 Windows 系统自带的播放器，没有录音功能。通过Windows Media Player，计算机将变身为媒体工具。它支持多媒体的刻录、翻录、同步及流媒体传送、观看、倾听等。用户可以自定义布局，以喜欢的方式欣赏音乐、视频和照片，可以使用其他设备播放，从在线商店下载音乐和视频，同步到手机或存储卡中。

2. 视频处理软件

（1）会声会影

会声会影是一个功能强大的视频编辑软件，具有图像、视频抓取和编辑功能，可以抓取和转换 MV、DV、V8、TV 等的画面文件，并提供 100 多种的视频编辑功能与效果，可导出多种常见视频格式，甚至可以直接制作成 DVD 和 VCD 光盘。该软件主要特点是操作简单，适合家庭日常使用，提供完整的影片编辑流程解决方案。它不仅提供符合家庭或个人所需的影片剪辑功能，甚至可以挑战专业级的影片剪辑软件。

（2）Windows Media Center

Windows Media Center 中文称为视窗多媒体娱乐中心，它是一种运行于 Windows Vista、Windows 7、Windows 8 和 Windows 8.1 操作系统上的多媒体应用程序。它除了能够提供 Windows Media Player 的全部功能外，还在娱乐功能上进行了全新的打造，用户可以在计算机甚至电视上享受丰富多彩的数字娱乐，包括以电影幻灯片形式观看图片、浏览并播放音乐、播放 DVD、收看并录制电视节目、下载电影、放映家庭视频等，还可以将自己喜欢的节目刻录成 CD 或 DVD 光盘。

（3）Windows Live 影音制作

Windows Live 影音制作是一款相册视频的制作软件，通过简单地添加照片、音乐和视频剪辑，并进行一些简单的设置即可作出漂亮的相册视频，甚至刻录成 DVD。

7.4.4　音视频格式的转换

随着多媒体技术的发展，产生了多种媒体文件格式。不同格式文件往往适用于一种或几种电子设备，一种媒体格式不可能适应所有的电子设备，一种电子设备也不可能支持所有格式的媒体文件。这种情况下，就需要对媒体文件格式进行转换。

常见的音、视频转换软件有视频转换大师、格式工厂、视频转换精灵等，不同的工具软件具有不同的特点，但它们的功能类似，操作方法也基本相同。

1. 视频转换大师

视频转换大师（WinMPG Video Convert）是一款可以快速完成 AVI 转换 MPEG-1、AVI 转换 MPEG-2、AVI 转换 RMVB、AVI 转换 DVD、AVI 转换 VCD、AVI 转换 SVCD、AVI 转换 RMVB、RMVB 转换 AVI、RM 转换 AVI，支持 MPEG-1 转换 RMVB、VCD 转换 RMVB、ASF 转换 RMVB、WMV 转换 RMVB、RM 转换 RMVB、QuickTime MOV 转换 RMVB，所有格式转至标准 AVI 格式的软件。

2. 格式工厂

格式工厂支持所有类型视频转到 MP4、3GP、AVI、MKV、WMV、MPG、VOB、FLV、SWF、MOV 格式，新版支持 RMVB（需要安装 RealPlayer 或相关的译码器）、XV（迅雷独有的文件格式）转换成其他格式；支持所有类型音频转到 MP3、WMA、FLAC、AAC、MMF、AMR、M4A、M4R、OGG、MP2、WAV 格式；支持所有类型图片转到 JPG、PNG、ICO、BMP、GIF、TIF、PCX、TGA 格式。

3. 视频转换精灵

视频转换精灵作为专业的视频多媒体文件转换软件，它几乎涵盖了现在所有流行的影音多媒体文件的格式，包括 AVI、MPG、RM、RMVB、3GP、MP4、AMV、MPEG、MPEG-1、MPEG-2、MPEG-4、VCD、SVCD、DVD、XVID、DivX、ASF、WMV、SWF、IPOD、PSP、GIF、MJPEG、MOV、FLV、MKV、DV 等。

理论练习

1. 音频信息的编辑包括（　　　）。

①降低噪声　　　　②音频合成　　　　③语音识别　　　　④剪辑声音

A. ②③④　　　　B. ①②④　　　　C. ①③④　　　　D. ①②③

2. 要从一段视频中剪取一部分，以下不可以使用的软件是（　　　）。

A. QQ 影音　　　B. 暴风影音　　　C. 超级解霸　　　D. 千千静听

3. 视频编辑不能完成的操作是（　　　）。

A. 为视频配声音　　　　　　　　　B. 为场景中的人物重新设计动作

C. 为视频添加字幕　　　　　　　　D. 将两个视频片段连在一起

4. 以下（　　　）软件可以播放一段视频。

A. Thunder　　　B. Media Player　　　C. WinZip　　　D. ACDSee

5. QQ 影音播放器不能播放（　　　）。

A. play.jpg　　　B. play.mp3　　　C. play.avi　　　D. play.wma

6. 下列可以将 AVI 格式文件转换为 MP4 格式文件的软件是（　　　）。

A. ACDSee　　　B. 美图秀秀　　　C. 格式工厂　　　D. QQ 音乐

7. 下列软件中，能将 WAV 格式文件转换为 MP3 格式文件的是（　　　）。

①Cool Edit　　　②Audition　　　③Flash　　　④Basic 语言

A. ①②　　　　B. ③④　　　　C. ①③　　　　D. ②④

8. 下列可以将"美丽山村.avi"转换成"美丽山村.mp4"的软件是（　　　）。

A. Gold Wave　　　　　B. Frontpage　　　　　C. 格式工厂　　　　　D. Word

9. 要进行多媒体信息的集成不可以使用以下（　　）软件。

A. PowerPoint　　　　　B. Premiere　　　　　C. Flash　　　　　D. 记事本

10. 下列既能播放音频文件也能播放视频文件的是（　　）。

A. Windows Media Player　　　　　　　　B. ACDSee

C. 千千静听　　　　　　　　　　　　　　D. 录音机

11. 下列可用于多媒体作品集成的软件是（　　）。

A. 暴风影音　　　　　　　　　　　　　　B. PowerPoint

C. Windows Media Player　　　　　　　　D. QQ 影音

12. 下列有关音频的说法中不正确的是（　　）。

A. WAV 属于波形声音,质量比较高

B. MP3 属于声音压缩标准,容量比较小

C. MIDI 属于电子合成声音

D. 各种声音文件格式,其声音质量都一样

13. 以下不属于影视制作的是（　　）。

A. 电影特效制作　　　B. 商标设计　　　C. 影视广告制作　　　D. TMV 制作

14. 将一首 WAV 格式的歌曲转化为 MP3 格式将会（　　）。

A. 提高音质　　　　　B. 缩小容量　　　　　C. 增大音量　　　　　D. 以上都不正确

15. 在计算机上要能够进行视频和语音聊天,计算机必须配备（　　）。

①摄像头　　　　　　②麦克风　　　　　　③投影仪　　　　　　④声卡

A. ①②③　　　　　　B. ①③④　　　　　　C. ②③④　　　　　　D. ①②④

16. 采用以下参数采集的音频中,声音质量最高的一项是（　　）。

A. 采样频率为 44.1 kHz,量化位数为 16 位

B. 采样频率为 22.05 kHz,量化位数为 16 位

C. 采样频率为 44.1 kHz,量化位数为 8 位

D. 采样频率为 22.05 kHz,量化位数为 8 位

17. 下列软件中可以播放.avi 类型的文件的是（　　）。

A. Windows Media Player　　　　　　　　B. Photoshop

C. Flash mx 2004　　　　　　　　　　　　D. 迅雷

18. 小华想将某一部影片其中的介绍片段截取下来,他应该进行的操作顺序是（　　）。

①用选定的播放软件打开影片;②选择一个有影片片段截取功能的播放软件;

③选择要截取的开始点和结束点;④将截取的片段另存

A. ①②③④　　　　　B. ③①②④　　　　　C. ②①③④　　　　　D. ④③①②

19. 计算机自带的以下软件中,可以将声音存储在计算机内的是（　　）。

A. 录音机　　　　　　B. 记事本　　　　　　C. 画图　　　　　　D. Internet Explorer

20. 下面文件格式中,不是常见的声音文件格式的是（　　）。

A. MPEG 文件　　　　B. WAV 文件　　　　C. MIDI 文件　　　　D. MP3 文件